HUATAN YINGZAO YU GUANLI

花坛营造与管理

王亚南　周晓晶　主编

 化学工业出版社

·北京·

花坛一词，可以说家喻户晓，在城镇生活中，花坛景观随处可见。《花坛营造与管理》以花卉的主要应用形式——花坛为重点，从花坛的基础知识入手，详细介绍了花坛艺术的相关知识。全书共分为四章，分别为花坛的基本知识、花坛设计、花坛施工、花坛的养护与管理等内容。全书图文并茂，采用大量精美图片来展示花坛植物的特征、造景功能和园林应用，并穿插大量精美图片介绍了当代我国各地花坛的形式。全书语言简练，图片精美，可以提高读者的兴趣，帮助读者更好的理解花坛艺术。

本书可被用作园林专业相关院校的教材、培训教材，园林工作者的技术参考书，也可供花坛爱好者自学使用。

图书在版编目（CIP）数据

花坛营造与管理 / 王亚南，周晓晶主编 . —北京：化学工业出版社，2015.2

ISBN 978-7-122-22608-2

Ⅰ.①花…　Ⅱ.①王…②周…　Ⅲ.①园林建筑－花坛－基本知识　Ⅳ.①TU986.4

中国版本图书馆 CIP 数据核字 (2014) 第 301641 号

责任编辑：袁海燕　　　　　　　　装帧设计：IS 溢思视觉设计工作室
责任校对：边　涛

出版发行：化学工业出版社
　　　　　（北京市东城区青年湖南街13号　邮政编码100011）
印　　装：北京彩云龙印刷有限公司
850mm×1168mm　1/32　印张 $4^{3}/_{4}$　字数 100 千字
2015 年 5 月北京第 1 版第 1 次印刷

购书咨询：010-64518888（传真：010-64519686）
售后服务：010-64518899
网　　址：http://www.cip.com.cn
凡购买本书，如有缺损质量问题，本社销售中心负责调换。

定　　价：35.00 元　　　　　　　　　　　　版权所有　违者必究

《花坛营造与管理》编写人员

主　编　王亚南　周晓晶

参　编　杨忠兴　李春娜　张　静　白雅君

　　　　倪　琪　张润楠　王　芳　王　慧

　　　　陶红梅

前言

　　花卉是大自然中最具季节变化的景观元素，时光流逝、四季更迭，花坛中的花卉是最显著的代表。我国花卉资源丰富，园林植物种类繁多，很早就有"世界园林之母"的美称。花卉文化历史悠久，历朝历代均有经典著作，如西晋嵇含的《南方草木状》、唐朝王庆芳的《庭院草木疏》、宋朝陈景沂的《全芳备祖》、明朝王象晋的《群芳谱》、清朝汪灏的《广群芳谱》、民国黄氏的《花经》以及近年陈俊愉等的《中国花经》，这些著作系统全面地记载了我国不同时期的园林植物概况。

　　改革开放以后，我国园林植物种类不断增多，物种多样性程度不断提高，有关园林植物的著作也十分丰富，不足的是绝大多数园林植物著作偏重于植物介绍，忽视对植物造景功能的阐述。随着我国园林事业的快速发展，植物造景的技术和艺术得到了较大进步。而随着科技的进步和时代的发展，人们的审美情趣也在不断地发生变化，因此关于花坛的种种概念与实践，也被赋予了新的内容。在今天，花坛随处可见，它已经不仅仅作为园林空间中的花卉装饰形式，而且还是作为城市空间中景观装饰美化的重要元素。随着人类活动范围的扩大，花坛也进入了公园、广场、写字楼、商场及庭院等，人们不仅希望园林中有花，还希望在日常生活所至的各种环境中都有花可赏。而且花坛花卉的设计形式也到达了一定的高度，现代花坛的设计强调浑然天成，同时又要有精致的设计感。

　　为满足广大园林工作者、文学艺术爱好者和广大社会读者欣赏、研究和交流关于花坛的设计、施工、管理和艺术效果等的需求，《花坛营造与管理》主要对花坛的基础知识、设计、布置、施工以及养护等方面做了介绍，希望对广大花坛爱好者会有所帮助。但限于作者水平及阅历，加之编写时间仓促，书中疏漏之处在所难免，恳请广大读者与专家批评指正。

编者

2015 年 1 月

目录

1 花坛的基本知识

1.1 花坛的概念和作用

1.1.1 花坛的概念和特点

（1）花坛的概念

在城市中花坛随处可见，几乎"无孔"不入。它是五彩缤纷、绚丽夺目的缀景，又好似碧绿如油、形如翡翠的宝石，装饰和美化着人们所生存的环境，尤其是在混凝土集聚的城市建筑群中更形成大大小小、星罗棋布的亮丽风景。因此花坛是城市现代化中运用十分普遍、作用非常重要的一种城市生态景观，如图1-1所示为某广场花坛。

图 1-1 某广场花坛

如果从科学概念及功能方面来理解花坛，花坛应是"集中栽植低矮草本花卉于一定形体的地段上，用以装饰环境，分隔地面或空间或组织交通等多种功能的植床"。也有人认为，花坛是在园林绿地中划出一定面积、比较精细地栽种草花或者木本植物，不论赏花或观叶的均可叫做花坛；并且认为；为了同时加强花坛的色彩及形态，用建筑材料砌边，形成明显的轮廓，所以"花坛是建筑材料与植物材料的混合体。

综上所述，对于花坛概念的理解有如下几个方面。

① 花坛的功能不仅仅是观赏，而是多方面的；而其观赏的作用，也不仅是做点缀品，也可以成为主景。

② 花坛的材料不局限于低矮草本，也可采用较高的木本；既能够观花，也能够赏叶。

③ 花坛的形式更不一定要砌边，或者成为建筑物的混合体，而是可以将其直接栽种于没有另设边缘的草坪或树林中。

④ 花坛的运用绝不仅限于园林绿地，而且广泛应用于任何空间环境之中。

从这个概念来看，又产生属于花坛范围内的一些名词，如以花卉呈带状栽植于各种边缘，如路边、建筑物边的称为花缘；以盆栽花卉组成的花堆；如以自然式，不一定呈规则、整齐的带状花缘，则称为花境；高出地面并筑一定形状与高度的台子栽植花卉的则称为花台；而至于花径，则仅指路径两旁的花木栽植形成一种浓郁的花木植物气氛的道路空间，应不属于花坛概念的范畴之内。花艺则是以花卉或花木经过设计而组成的各种艺术表现形式的泛称，比如结合各种建筑小品布置的花卉景观室，内外的插花，等等，而花坛也可说是属于花艺的一种。

（2）花坛的特点

传统意义上的花坛，具有一定的几何形状的外部平面轮廓，注重大色块的植物群体运用，其中配置的观赏植物通常比较低矮，花坛整体内容是各种图案的植床，具有强烈的观赏性、装饰性，以美化环境、渲染气氛和装饰建筑为目的。另外，作为竖向处理中重要的环节，花坛池壁通常也作为挡墙的一部分使用，增加空间关系多样化的同时，对挡墙修饰也起到积极作用。

1.1.2　花坛的起源

　　花坛是园林花卉最主要的应用形式之一，现代城市广泛应用的花坛布置方式主要受到西方园林的影响。比较流行的花坛起源说法是，古罗马人在方形或者长方形的种植床内栽植不同的蔬菜及药草，在盛花时形成了十分绚丽的效果，这就是花坛的雏形。

　　中世纪西方园林内用黄杨等矮生耐寒植物修剪成树篱，其间按照品种栽植花木，叫做花结园圃，这种园圃逐渐开始出现流线形式。欧洲文艺复兴时期，因为城市居民的集中、土地的减少，使得盆栽植物快速发展起来。在同一时期的意大利庄园中，出现了环绕水池的绿丛植台，但依然是以绿色为基调，花卉只做点缀之用，多种植花色比较清淡的柑橘类植物，色彩鲜艳的花卉极少使用。17世纪，法国园林的王者风格席卷整个欧洲大陆，在这类园林中，图案精美变幻万千的刺绣花坛占有重要地位，红色沙砾铺满修剪精细的黄杨篱之间。以凡尔赛宫为代表，常用的有彩结式花坛、模纹花坛群及图案花坛。而且也开始注意色彩的变化，并且经常用平坦的大面积草坪及浓密的树林衬托华丽的花坛，但绝大多数是完全规则式的。19世纪，在欧洲国家对市民开放的公园中开始出现与草坪、传统瓶饰结合在一起的草花种植，这些草本花卉与鲜艳叶色的小灌木组成色带、色块，拼成精美的图案并表达一定的主题，形成现代意义上的花坛。美、英、德、荷、日等国家的园艺在第二次世界大战之后，得到了迅速的发展，花坛形式也在不断地变化及拓宽，大量的盆钵育苗及现代化工业的发展，为花坛施工技术的提高、摆放的多样性提供了可能和保障，同时也为花坛这一古老的花卉应用形式注入了新的生机。

由于受特殊的、漫长的封建社会影响，我国古典园林中花台、花池始终是常见的花卉布置形式，花坛运用方面一直没有较大的发展。直至20世纪80年代后期，随着精神文明建设与城市建设发展的需求，花坛才越来越多地出现在市政建设中。

1.1.3　花坛的作用

花是自然界中得天独厚的产物，因其具有优美到无与伦比的天赋姿色与本质，已成为美好与健康的象征。花的作用有很多，不仅可供观赏，还可供食用、药用……也被用作节日的交往礼物（比如情人节的玫瑰，如图1-2所示）、城市的标志（如市花）以及寺观的供奉，等等，可以涉及社会活动的各个方面，而花坛的作用则大致可归纳为以下几点。

图1-2　玫瑰

（1）观赏和点缀作用

日常被应用于园林的花坛约有上百种，称得上千姿百态，娇美动人。有春季开花的，也有夏、秋季开花的，还有四季赏叶的，具有丰富的季相色彩，一年之中春去秋来，花开花落，不但给城市增添一份诗情画意的美感，还人民以自然美的启示，接受到一种生物文化的熏陶，也使得凝固的建筑物更富有活力，丰富了城市环境的色彩。

为了加强花坛的装饰美化作用，常常会将花卉精心设计成各种不同的图案花纹，或以不同形状的外部轮廓线来丰富花坛的景观，增加俯视的近赏效果。

（2）标志、宣传作用

市花是城市的象征，以市花组成的花坛可以成为一个城市的标志。一个单位、一件事物结合其标徽或者吉祥物，配以相应的花坛，也可以起到标志的作用。而用花卉组合成的字体、标语图示更能直接起到宣传作用。若在设计之初构思一定的主题，配以饰物或立体的形象，更可寓文化教育于观赏之中，从而获得一种时代气息的感染。

（3）基础装饰作用

以花坛作配景，用以装饰及加强园林景物的，称为基础装饰。一座雕像如果以花坛装饰基座，会使雕像富有生命感；喷水池旁的花坛，不仅能丰富水池的色彩，还可作为喷水池的背景，使园林水景更显亮丽；山石旁的花坛，可使山石与鲜花产生刚柔结合、相得益彰的效果；建筑物的墙基，屋角设置花坛，不仅美化了整座建筑物，而且使硬质的墙体与地面之间连接的线条显得生动有趣，又加强了基础的稳定感觉。

（4）分隔、屏障作用

花坛的形状、大小，尤其是花木枝叶的浓密度、花卉栽植的密度及其生长的高度等等，可作为划分和装饰地面、分隔空间的手段，还可起到隐隐约约、似隔非隔、隔而不死的一种生物屏障的作用。

（5）组织交通作用

火车站、机场、码头的广场花坛，往往是一个城市环境的标志与橱窗，对一个城市的艺术面貌起着十分重要的作用；城市街道上的安全岛、分车带、交叉口等处，设置花坛或花坛群（或称带状花坛、连续花坛），可以区分路面，提高驾驶员的注意力，增加人行、车行的美感及安全感。

（6）增加节日的欢乐气氛

鲜艳夺目、五颜六色的各种花坛，往往成为节假日欢乐气氛最富表现力的一种形式。近年我国南北方城市，每到节假日都是广设各式花坛，色彩缤纷，气氛热烈，游人赏之雀跃，纷纷拍照留影，因此节假日的花坛（尤其是有一定主题的花坛）常常是美化城市环境的主角，成为最受游人欢迎的一项生态形式。

1.2 花坛的类型

花坛的类型很多，分类方法各有不同，但从不同地区、不同时期的分类方法来看，都能反映出花坛发展的思路，不论是按花坛材料、设计形式、气候季相还是按花坛的作用，花坛所在环境、位置等来分，也不论花坛中花卉所占比重的多少，还是花坛组合的方式如何，均是以观赏功能为基本点组成的生态景点。花坛有如下几种分类方式。

（1）按花坛外形轮廓分类

传统花坛和近代花坛，通常都具有规则的或对称的外部轮廓线，如椭圆形、圆形、方形、长方形、三角形、多边形等，这是按照花坛所在环境的面积限度来决定其适宜的形式的。也是一种最简单而又常见的形式。

（2）按花坛空间位置分类

由于环境的不同，花坛所处位置不一，设置花坛的目的各异，所以在园林中可根据空间位置设置以下不同形式的花坛。

① 平面花坛。花坛基本与地平面一致，为观赏和管理上的方便，花坛与地面可构成小于30°的坡度，既便于观赏到整个花坛的整体，又有利于花坛的排水，其外部轮廓线，则应根据环境需要采取各种不同的几何形轮廓，如图1-3所示为平面花坛。

图1-3 平面花坛

② 台阶花坛。坡度过大或台阶两边，可以设置台阶花台，层层向上，有斜面与平面交替，成为台阶两边的装饰，除可以利用开花花材外，也可适当加入持久的观叶材料，更富变化，如图1-4所示为台阶花坛。

图 1-4 台阶花坛

③ 高台花坛。在园林中，为了某种特殊用途，比如为了分隔空间，或者为了与附近建筑风格取得协调统一的效果，或受该处地形的限制，可设置高于地面的花台，其大小、形状以及高度依所在地的环境条件而定，如图 1-5 所示为高台花坛。

图 1-5 高台花坛

④ 斜坡花坛。可以坡地设置斜坡花坛，但坡度不宜过大，否则水土流失严重，花材、花纹不易保持完整和持久，斜坡花坛多为一面观赏，可设在道路的尽头，形状、面积大小根据实际环境、面积而定，如图1-6所示为斜坡花坛。

图1-6　斜坡花坛

⑤ 俯视花坛。俯视花坛是指花坛设置在低于一般地面的地块上，必须从高处向下俯视，才能将花坛的整体纹样及色彩欣赏到。在地形起伏的庭园中，利用低地设置，显示最美的俯视效果，在俯视之余，还可由小路走近花坛细赏，如图1-7所示为俯视花坛。

图1-7　俯视花坛

（3）按花坛应用的植物材料分类

① 一二年生草本花卉花坛。一二年生草本花卉种类繁多，色彩鲜艳，品种各异，花期整齐一致，将各种花草的优点，同时集中在一个花坛内，生机盎然，五彩缤纷，可成为园林中耀眼的视点，特别是寒冬过后的早春，这些由苗床、阳畦过冬后早早开放的草本花卉，就成为报春的使者，在春光中显示其春意盎然的气息，是园林中不可缺少的先行者。但是众多的草花，花期不长，需要及时更换以保持繁花似锦的画面，所以费料、费工，只适于主要地区使用。

② 宿根花卉花坛。宿根花卉一经种植，开花后有的仍可观叶，入冬之后地上部分死亡，而地下部分在土壤内过冬，翌年春天，又能萌芽发枝开花，年复一年且方便管理，隔数年后，根据长势，可行分根栽种，扩大种植面积，省工又省料，但基本上一年开花一次，花后枝叶有的可维持清绿（如玉簪花，如图1-8所示），而有的则花落叶枯（如蜀葵，如图1-9所示），因此宿根花卉花坛只适于偏僻、远赏之处应用。

图1-8　玉簪花

图1-9　蜀葵

③ 球根花卉花坛。利用球根花卉布置花坛，虽然一年也仅仅开一次花，但其花期有的比较长，并且花色艳丽，如大丽花、美人蕉（如图1-10、图1-11所示）等，一经种植，从夏天至深秋开花不断。郁金香品种繁多，花形美丽，但花后休眠，为保持球茎在土壤中继续生长，确保翌春开花，不宜移动，北方过于寒冷地区，在严冬时节还必须要掘球入室过冬，投资甚大。

图1-10　大丽花　　　　　　图1-11　美人蕉

④ 五色草花坛。五色草是苋科植物，植株矮小，极耐修剪，宜于布置毛毡花坛，一经种植，只需进行修剪、浇水工作，其观赏时间较长，可一直延续到霜降，是所有花坛材料之冠，但其色彩较暗，所以可适当配种少量鲜艳色彩的其他花卉，增加亮度，常进行更换，较之一二年草花花坛节约花材，节省人力，较之球根、宿根花坛也略胜一筹。只要经常进行修剪，保持花纹清晰即可。

（4）按花坛组合分类

① 独立花坛。单个花坛独立设置，作为某一环境里的中心，如交叉路口、广场中央、建筑物前庭后院等，其轮廓可依据立地环境确定，是属于静止状态的景观，面积大小根据环境而定，但必须要有坡度，便于有较为完整的视觉效果。独立花坛示例如图1-12所示。

图 1-12　独立花坛

② 连续花坛。独立花坛相互协调，远眺时连成线，要求形状完全划一，可以长方形、圆形等多个独立花坛连成线，设置在宽广路面的中央或道路的两旁，达到既允许花坛轮廓的变化，又有统一的规律，观赏者移动视点，才能将花坛的整体效果欣赏到，这种借助连续景观来表现花坛的艺术感染力，是花坛美的延续。连续花坛示例如图 1-13 所示。

图 1-13　连续花坛

③ 花坛群。在面积较大的地方设置花坛，若采用独立花坛的形式，则会由于面积过大，栽种、更换、观赏都存在一定不便。所以可以用多个独立花坛组合成一个既协调，又不可分割的整体——花坛群。花坛群之间开设小路，使观赏者可进入其中近赏，花坛群中有主体花坛作为中心，中心部分也可以设置喷水池或雕塑，在四周有对称的花坛，而花坛材料，不限于木本、草本，可以多样化，尽量使整个花坛群的观赏期延长，利用不同花期的材料达到目的。花坛群如图1-14所示。

图1-14 花坛群

（5）按花坛功能分类

① 观赏花坛

a. 纹样花坛。在纯观赏花坛中，以各种不同姿态、不同色彩的花卉组成各种花纹图案，以显示花卉群体美的花坛，叫做纹样花坛。其中有利用低矮植物作材料，使花纹贴近地面，犹如地毯一般，又称为毛毡花坛，是花坛中十分常见的一种，尤其在意大利、法国以及俄罗斯等国应用颇多。多配置在大型建筑物前后的开阔空间，后被渐渐广泛应用于一切城市道路系统及公共场合中。有的地区，尤其是住宅区庭院更多地出现一种小范围的、自由式的、多种类的纯观赏花园，突破了"纹样"及"花坛"的概念，纯粹欣赏不同花木或花卉本身的个体姿色美。

b. 饰物花坛。以某种饰物进入花坛中，起到加强和装饰花坛内涵的作用。饰物造型十分丰富，有建筑物、人物、动物和其他形象，尤以动物居多。如作为中华民族象征的龙，几乎从来都是花坛的主要造型饰物，其中最为常见的形式有"双龙戏珠"等。近年来随着经济的发展，也会以"飞龙"向上的形象作为时代的象征。至于表现吉祥的"孔雀开屏"、"鲤鱼跳龙门"、"万象更新"，以及象征和平宁静的吉祥物"熊猫"等都是常见的饰物花坛。而表现人物的如"天女散花"、"老寿星"等。其他如亭子、塔、花瓶、地球、花柱、花球、花车等都已成为园林绿地或街道路旁点缀环境的纯观赏性花卉装饰。

c. 水景花坛。在园林绿地中，花坛常伴随着水景出现。或在水池边，或在水域中，设置自然式的花坛，或以不同形式的喷泉与花坛结合，增加了花卉的动感，使水域增添了色彩，这种相得益彰的手法，在近代庭园中应用颇多。

d. 雕塑花坛。以人物雕像或其他雕塑，或以形象优美的山石作为主体而设置的花坛，叫做雕塑花坛，比如在某英雄、名人塑像下种植花卉，其花卉色彩、花坛面积的大小要与主体协调统一，能起到纪念、赏花以及美化环境的作用。

② 标记花坛。标记花坛是指借助花卉组成各种图案、纹样、徽章或字体，或结合其他物品陪衬主体，作为宣传之用，可以分为以下几种。

a. 标徽花坛。属于一个单位或者机构，起印记宣传作用，比如香港的紫荆花花坛，市政局的标徽花坛，固定展现。

b.标志花坛。指一种活动或一个事件的标志或记录，带有纪念性质，不同时期的活动其标志也会随着变化，如香港一年一度的花卉展览，每年的标志花坛设计或有不同，或则大同小异。而一次性的会议或过程，如迎接新世纪来临的花坛，1999年昆明世界园艺博览会的花坛等，都属于标志花坛的类型。

c.标题花坛。是用花坛形式直接将设计的主题表现出来，比如1999年昆明世博会以5根高耸的花柱来表示五大洲的大型花坛；纪念党的十一届三中全会，以十一条放射线伸向花坛顶部的一面红旗来表现。也有以音符标记，配以圆环、花带表示音乐主题的花坛；又如有以花卉组成和平鸽以表示主题内涵的花坛。

d.招牌花坛。是用植物花卉组成文字形式表示地点及机构名称的花坛。

e.标语花坛。以不同色彩的花卉，组成标语、口号以及警语性质的花坛。

③ 主题花坛。是有一定的主题，以多种园林要素，也就是以花卉、花木乃至树木结合山石、水体、建筑小品以及台阶等庭园形式综合表现主题的内容，其形态比较复杂，也较完美，它和标题花坛的不同是前者仅仅是点题，多以花卉为主，通常多采用常规的，面积较小的花坛形式，而后者则已超越花坛的概念，而成为小小的园林了。但人们仍习惯地将其称为花坛。

利用这种形式创作的花坛较早的是为纪念共产党诞生70周年在北京天安门广场上设计的4座有代表性的主题花坛如《万里长城》、《南湖风光》、《延安宝塔》和《姊妹情深》的主题花坛。

2000年国庆节时，为迎接21世纪来临，又结合我国的具体情况，在北京天安门广场上又设计了4个不同的主题花坛，位于广场东北角的是"期盼奥运"，东南角的是"锦绣山河"，西北角的是"奔向未来"，以及位于中心的"万众一心"。都是借助了各种材料及园林要素综合表现了主题的内容，而广场中央的主题则为"万众一心"这一个传统特色（形式）的水景花坛。而这次的花坛设计，不仅考虑到了白天的景观，而且还考虑了到夜色，更为迷人，延长了花坛欣赏的时间，同时也增加了韵味。

以花坛形式用鲜花组合来显示各种标徽、标语、招牌、名称等使城市的建筑小品变成了生态型的小品是值得提倡的一种绿色方式。特别在节假日常常采用，很醒目，但景观不能持久，为了保持这种花坛的持续景观，过去常常采用红绿草这种耐修剪的植物，但仍觉延长的时间有限（红绿草花坛最多也只能维持5~6个月），后又兴起了用假花代替的方式，经过一段时间后还可以冲洗、更换。

④ 基础花坛。是为掩饰建筑物、园林小品乃至树木基部，使之与地面之间的接壤处更为生动、美观，当然也有保护基础的作用。建筑物墙基通常多采用带状的花缘或者花境，而点状基础的如小品、树木则以花坛或花堆的形式居多。

基础花坛的面积通常不宜过大，以免占用太多的地面，只要能达到掩饰、美化及保护的作用就可以了，所以有些基础只需要种一些宿根花卉成线状或环状的花卉布置，也不一定要有"坛边"，更为自然活泼。

⑤ 节日花坛。在有些地方已发展扩大到"花园"的形式，但为了加强节日的气氛，选择"热热闹闹"、"五彩缤纷"的花卉材料来体现喜气洋洋的气氛为好。

⑥ 花坛夜景。夜景是花坛艺术欣赏的一个特殊方面，也是现代化城市景观所要求的一个"亮点"。夜是暗的，要求有亮的对比。夜是静的，也是净的，从视觉感官来看，在夜间，其余的复杂景

物都看不到了，因此在设计花坛夜景时，最好有动态的景观对比，比如采用动态的喷泉花坛，从造型及色彩上都可以将静态的花坛"活"起来。

其次，要突出主景。不同的主景有不同的突出方法，比如主景延安宝塔，除了塔本身的亮之外，一定要使下面的山也亮起来，否则，塔无基础，就难以成景了，表现的飞龙则又正好相反，其基础不要亮，只求飞龙本身亮，这样就更能表现其"腾飞"的姿态。

再次，要注意花坛夜景的背景与环境。若要突出主景，则其周围的欣赏视距范围内最好漆黑一片，不要过多地装"亮"，以免干扰主景。但就其主景本身而言，其外形轮廓一定要清晰，或采用通身透亮的方法，或以灯盏勾勒轮廓线均可。

大船花坛其本身的窗口要亮，显示出一个有相当层数的大建筑物之外，还应以灯光勾勒出其船体形状，水则不一定照亮，仅以船形及窗口的水影，自会射出闪烁的亮光，此景就更为完美了。

至于标语花坛的夜景，通常都采用侧面射光，由于花卉被直射光长时间照射会影响其生长的"寿命"。

（6）以表现主题不同的分类

① 花丛式花坛。主要表现和欣赏草本花卉盛开时群体的平面色彩效果，不同种或品种互相组合所表现出的绚丽色彩和优美外貌。根据平面纵轴与横轴之比，可将花丛式花坛分为以下两种。

a.独立式：（1∶1）～（1∶3），做主景或配景。

b.带状：作配景花缘、镶边。

② 模纹式花坛。主要表现和欣赏植物（观叶或花叶兼备植物）所组成的精致复杂的图案纹样。因内部纹样所使用的植物材料不

同、表现手法不同可分以下几种。

a. 毛毡花坛：主要用低矮观叶植物，组成精美复杂的装饰图案，花坛表面修剪平整呈平面或缓曲面。整个花坛宛如一块华丽的地毯（五色苋类为主）。

b. 彩结花坛：主要用锦熟黄杨（如图1-15所示）和多年生花卉按一定图案纹样种植起来的，主要模拟绸带编成的彩结式样而来，图案线条粗细相等，条纹间可用草坪为底色或用彩色石砂填铺。

图1-15 锦熟黄杨

c. 浮雕花坛：表面纹样一部分凸现于表面，另一部分凹陷。

③ 标题式花坛。与模纹花坛近似，但表现一定的主题思想，有一定含义的图案、肖像、标题等。宜放置于坡地斜面上，标题式花坛如图1-16所示。

图1-16 标题式花坛

④ 装饰物花坛。也是模纹花坛一种，具有一定使用目的，如日历、日晷、时钟等。

⑤ 立体造型花坛。以枝

图1-17 立体造型花坛

叶细密的植物材料种植于具有一定结构的立体造型骨架上而形成的一种花卉立体装饰。如图 1-17 所示为立体造型花坛。

⑥ 造景式花坛。采用园林景观设计的方法，采用花坛形式表达的花卉应用方式。如图 1-18 所示为造景式花坛。

图 1-18　造景式花坛

⑦ 混合花坛。花丛花坛与毛毡花坛结合，另外还有和水池结合的花坛等。如图 1-19 所示为混合花坛。

图 1-19　混合花坛

1.3　花坛植物选择

依据花坛种类不同，可以选用相应的植物材料。现以盛花花坛及模纹花坛为例，介绍两者在植物选择上的要求。

（1）盛花花坛植物材料的选择

结合实际应用中的情况，盛花花坛以观花草本植物为主体，包括一、二年生花卉，多年生球根或者宿根花卉，也可以选择将常绿或者观花灌木点缀其中，作为辅助材料，见表1-1、表1-2。

表1-1　盛花花坛常用花卉一览表

图示	中文名	科	花色	株高/cm	花期/月	栽培类型
	藿香蓟	菊科	蓝紫	40～60	4～10	一年生
	雏菊	菊科	红、粉、白	15～20	4～5	二年生
	翠菊	菊科	紫、红、粉、蓝	10～30	5～6，7～10	一、二年生
	金盏菊	菊科	黄、橙	30～40	4～6	二年生
	鸡冠花	苋科	紫、红、黄、橙	15～60	8～10	一年生
	彩叶草	唇形科		5～80	5～10	一年生

续 表

图示	中文名	科	花色	株高/cm	花期/月	栽培类型
	一串红	唇形科	红	30～40（矮）；60（中）		一年生
	矮牵牛	茄科	红、粉、白、橙	30～40	4～5,6～8	一年生
	半支莲	马齿苋科	红、粉、白、黄橙、紫	15～20	6～8,9～10	一年生
	福禄考	花葱科	红、白、粉、紫	15～25	5～8	一年生
	百日草	菊科	紫红、红、粉白、黄	15～30（矮）；45～55（中）	7～10	一年生
	美女樱	马鞭草科	紫红、红、粉、白、蓝紫	30～40	5～10	一、二年生
	孔雀草	菊科	橙	20～40	6～10	一年生
	三色堇	堇菜科	紫红、白、黄、堇紫	10～20	5	一年生
	香雪球	十字花科	白、堇紫	15～20	6～10	一年生

续　表

图示	中文名	科	花色	株高 /cm	花期 / 月	栽培类型
	凤仙花	凤仙花科	红、粉、白	60 ~ 80	6 ~ 8,10	一年生
	银边翠	大戟科	白	50 ~ 80	7 ~ 10	一年生
	羽衣甘蓝	十字花科	紫红、红、粉、黄	30 ~ 40	3 ~ 11	一年生

表1-2　盛花花坛常用中心花材

图示	中文名	科	观赏特性	株高 /cm	花期 / 月	栽培类型
	叶子花	紫茉莉科	苞片：紫红、砖红、橙黄	100 ~ 200	9 ~ 10	木本
	大叶黄杨	卫矛科	叶：绿	100 ~ 200	观叶，常绿	木本
	地肤	藜科	叶：黄绿	100 ~ 150	观叶，6 ~ 9	一年生
	苏铁	苏铁科	叶：深绿	200 ~ 300	观叶，全年	木本
	海桐	海桐科	叶：深绿	200	观叶，全年	木本

续表

图示	中文名	科	观赏特性	株高/cm	花期/月	栽培类型
	桂花	木犀科	花：橙黄、白	200～250	9～10	木本
	龙舌兰	石蒜科	叶：灰绿	100	观叶，全年	宿根

① 花材的要求。一、二年生花卉是花坛的主要材料，其种类繁多，色彩丰富，成本又较低，维持观赏效果的时间比较短，如藿香蓟（如图1-20所示）、彩叶草（如图1-21所示）、鸡冠花（如图1-22所示）、凤仙花（如图1-23所示）等。

图1-20　藿香蓟

图1-21　彩叶草

图1-22　鸡冠花

图1-23　凤仙花

盛花花坛的另一种主要材料为多年生的宿根与球根花卉，其色彩艳丽,花期较长,开花整齐,但成本较高,如风信子(如图1-24 所示)、大丽花(如图1-25所示)、郁金香(如图1-26所示)等。

图 1-24 风信子　　　图 1-25 大丽花

图 1-26 郁金香

② 株型、株高与花期的要求。适合作花坛的花卉应着花繁茂、株丛紧密,理想的植物材料在盛花时应完全覆盖枝叶,开放一致,花期要求较长,至少保持一个季节的观赏期。如为球根花卉,要求栽植后开花花期一致。植株高度根据种类不同而异,但以选用10～40cm 的矮性品种为宜。此外还要移植容易,缓苗较快。

③ 花色、花型及搭配的要求。要有丰富的色彩幅度变化,花色明亮鲜艳,纯色搭配及组合较复色混植更为理想,更能体现色彩美。不同种花卉群体配合时,除要考虑花色外,也要考虑花朵的质感相协调才能获得较好的效果。

(2)模纹花坛植物材料的选择

为了符合人们观赏的需要,模纹花坛通常设置较为低矮,因此其植物的高度和形状对表现模纹花坛纹样有较明显的影响。只有低矮、细密的植物才能将精美细致的华丽图案表现出来,见表1-3。

表1-3　模纹花坛常用花卉

图示	中文名	科	观赏特性	株高/cm	花期/月	栽培类型
	小叶红	苋科	叶：暗紫红色		观叶	宿根
	白草	景天科	叶：白绿色	5～100	观叶	宿根
	四季秋海棠	秋海棠科	叶：紫红；花：粉	20～25	5～10	宿根
	半边莲	半边莲科	花：蓝紫	15～30	4～6	宿根
	红绿草	苋科	叶：墨绿色、红色		观叶	宿根

① 生长速度的要求。一般采用多年生且生长速度较慢的草本观叶植物，如景天类（如图1-27所示）、五色苋类（如图1-28所示）、各种草坪草等。有些一、二年生草花可以作为图案的点缀，也可以成片栽植，如矮串红（如图1-29所示）、孔雀草（如图1-30所示）、四季秋海棠（如图1-31所示）等，但要考虑其生长速度不同来进行搭配，对于观赏期相对较短的花卉通常不作为主体图案材料，如香雪球（如图1-32所示）、雏菊（如图1-33所示）、半枝莲（如图1-34所示）、三色堇（如图1-35所示）等。

图 1-27　景天类　　　　图 1-28　五色苋类

图 1-29　矮串红　　　　图 1-30　孔雀草

图 1-31　四季秋海棠　　图 1-32　香雪球

图 1-33　雏菊　　　　　图 1-34　半枝莲

图 1-35　三色堇

② 植物质感的要求。枝叶细小、萌蘖性强、株丛紧密、耐修剪，从而保证在不断修剪后仍可以形成纹样清晰的图案，能够维持较长的观赏期。而枝叶粗大的植物材料或者观花植物在表达精细图案时则不易达到理想效果。

附录　常见花坛植物材料一览表

图示	中文名	形态特征	花期	习性	繁殖	用途
	金盏菊	株高 20~50cm，舌状花，有黄、浅黄、橙黄色	4~6 月	喜光，较耐寒	播种，秋播为宜	适于花坛中部及边缘
	雏菊	株高 7~15cm，花白、粉、红、紫等色	4~6 月	喜冷凉、湿润、阳光充足	播种，秋播为宜	适于花坛边缘
	蓝色堇（蝴蝶花）	株高 7~15cm，花紫、蓝、黄、白、混合等色	4~6 月	较耐寒、喜凉爽、阳光充足	播种，秋播为宜	适于花坛中部及边缘
	紫罗兰（草桂花）	株高 20~60cm，花红、紫、白等色，单瓣或重瓣	秋播4~5月，春播8月	喜冷凉、光照，也耐半阴	播种，秋播为宜	适于平面花坛中部

续 表

图示	中文名	形态特征	花期	习性	繁殖	用途
	桂竹香 （香紫罗兰）	株高 30~60cm，花 黄、橙黄色， 具香气	4~5月	耐寒，耐 旱，喜光， 喜排水良 好	播种，秋 播为宜	适于平面 花坛中部
	矮雪轮 （大蔓樱草）	株高30cm，花 白、淡紫、淡粉、 玫瑰红等色	4~6月	喜温暖、 光照	播种	适于带状 花坛边缘
	金鱼草 （龙头花）	株高 20~100cm，花 白、红、黄、紫、 混合等色	5~9月	耐寒，不 耐酷暑， 耐半阴	播种，秋 播为宜	适于面积 较大的花 坛
	福禄考 （小洋花）	株高 15~40cm，花 白、红、玫瑰红、 蓝、紫等色	5~8月	稍耐寒， 不耐高 温，忌碱 土	播种，秋 播为宜	适于面积 较大的花 坛
	香雪球	株高 15~25cm，花 白、淡粉、浅 紫色	秋播5 月，春 播6月	喜冷凉， 喜光，忌 炎热，稍 耐阴	播种，春、 秋播均可	花小，宜 在近赏处 栽种
	石竹 （中国石竹）	株高 30~50cm，花 白、粉、红、 紫等色	4~5月	耐寒，耐 旱，忌水 涝，喜光	播种，秋 播为宜	适于面积 较大的花 坛
	须苞石竹 （美国石竹）	株高 50~70cm，花 红、玫瑰红、白、 粉、紫、混合 等色	5~7月	耐寒，耐 旱，忌水 涝，喜光	播种，秋 播为宜	适于面积 较大的花 坛

续　表

图示	中文名	形态特征	花期	习性	繁殖	用途
	矮牵牛	株高20~60cm，花白、粉、红、绯红、紫等色	5~9月	喜长日照，喜温暖，较耐热	播种	适于花坛边缘
	美女樱（草五色梅）	株高30~40cm，茎叶横展，伞房花序，花白、粉、桃红、蓝、紫色	6~9月	喜光，喜温暖，喜湿润，不耐旱	播种或扦插	适于花坛边缘
	虞美人（丽春花）	株高30~70cm，花单生	春、夏花期20~30天	喜光，喜温暖，忌高温	春、秋直播	适于花境
	一串红	株高可通过修剪控制，总状花序	全年	喜光，耐半阴，耐寒性差	播种或扦插	适于节日花坛
	瓜叶菊（千叶莲）	花簇生顶端，花紫、粉、蓝等色	11月至翌年5月	喜光，喜湿润，稍耐寒	播种	适于避风处花坛
	天竺葵（入腊红）	株高30~60cm，花红、白、粉、肉红等色	5~7月	喜冷凉，忌高温，喜光，耐旱，入夏休眠	扦插	适于春季花坛
	凤仙花（指甲草）	株高因品种而异，20~100cm，花单生或簇生，花红、粉、淡紫、白等色	6~9月	喜光，喜温暖，排水好、微酸，畏寒	播种	适于春、夏用，秋季易发病

续 表

图示	中文名	形态特征	花期	习性	繁殖	用途
	旱金莲（荷叶莲）	多年生蔓生草本，高 30cm，花乳白、黄、橙、紫色	5~6 月	喜温暖、潮湿、阳光充足	播种	适于早春花坛
	万寿菊（臭芙蓉）	株高 25~80cm，因品种而异，花乳白、黄、橙、复色	6~9 月	喜温暖，稍耐早霜，喜光	播种	适于夏、秋花坛的中部
	孔雀草（红黄草）	株高 20~40cm，舌状花，花黄色，基部具紫斑	春、夏，播后 50~70 天开花	喜温暖，稍耐早霜，喜光	播种	适于夏、秋花坛的边缘
	百日草（百日菊）	株高 50~90cm，因品种而异，色彩多，有单瓣、重瓣	6~9 月	喜光，喜排水好，喜肥沃土壤	播种	适于夏、秋花坛大面积用
	千日红（火球花）	株高 40~60cm，花紫、白、深红、浅红等色	8~10 月	喜炎热、干燥，喜光，不耐寒	播种，春播为宜	适于秋季花坛
	一点缨	株高 30~50cm，花橘红色	6~9 月	喜光，不耐寒	播种，春播为宜	适于秋季花坛
	矢车菊（蓝芙蓉）	株高 60~80cm，头状花，有蓝、紫、堇、粉、白色	6 月	喜光，耐凉，喜肥沃土壤，忌炎热	播种	适于花径、花境

花坛营造与管理

续　表

图示	中文名	形态特征	花期	习性	繁殖	用途
	蛇目菊（小波斯菊）	株高60~80cm或15~25cm（矮品种），花黄色	5~6月，9月	喜光，较耐寒	播种	适于自然式栽植
	滨菊	宿根草本，株高60~80cm，花白色	5~7月	喜光，耐旱，耐瘠薄	秋播室内过冬	适于春季花坛
	茼蒿菊	宿根草本，株高60~80cm，花白色	5~7月	喜光，耐旱，耐瘠薄	秋播室内过冬	适于春季花坛
	半支莲（龙须牡丹）	株高15~20cm，匍匐茎，花色丰富，单瓣或重瓣	夏	喜温暖，喜光，耐旱，不耐寒	播种	宜做花坛边缘或色块
	银边翠（高山积雪）	株高50~80cm，夏季叶缘变白	夏、秋，观叶	喜光，喜温暖，不耐旱	播种	适于花境
	紫茉莉（草茉莉）	株高60~100cm，花红、紫、粉、白、黄等色	夏、秋	喜温暖，不耐霜冻	播种	适于花境
	红叶苋（血苋）	株高1.5m，茎叶紫色或有浅红斑	夏、秋，观叶	喜湿润，喜光，耐热，忌寒	播种	适于花丛、花境
	茑萝	蔓生草本，有羽叶、圆叶等品种，花鲜红色，五角星形	夏、秋	喜光，喜温暖，是短日照植物	播种	适于花坛栏杆装饰

续 表

图示	中文名	形态特征	花期	习性	繁殖	用途
	牵牛花	蔓生草本，花漏斗状，有玫瑰红、蓝、白、粉等色	夏、秋	清晨开花，耐旱，是短日照植物	播种	适于花坛栏杆装饰
	荷兰菊	宿根花卉，株高口可通过修剪控制，花藕荷、暗紫、蓝、粉色	8~10月	耐寒	分根或扦插	适于花坛边缘
	桔梗（僧冠帽）	宿根草本，株高30~100cm，花蓝紫、白色	6~10月	喜光，稍耐阴，喜凉爽	分株、播种	适于花坛，也可作切花
	剪秋萝	品种多，株高60cm，聚伞花序，着生1~7朵花，色深红	7~8月	耐阴，喜凉爽	分株为主	适于花坛中部
	大丽花（西番莲）	球根花卉，株高40~120cm，因品种而异	夏、秋	喜光，喜排水良好	块根繁殖	适于片植
	美人蕉	株高50~100cm，花大聚生，花红、粉、黄色，并有黄白等条纹	夏、秋	喜光，喜湿润	根状茎繁殖	适于花坛中心或带状花坛
	郁金香（洋荷花）	球根花卉，株高20~30cm，花红、粉、紫、混合等色	4~5月	宜栽于避风、向阳或半阴处	分球繁殖	适于片植成色块

33

图示	中文名	形态特征	花期	习性	繁殖	用途
	风信子（洋水仙）	花葶高15~45cm，花紫、堇、粉、白、黄、蓝等色	4~5月	宜栽于避风、向阳或半阴处	分球繁殖为主	适于花坛、花径、色块
	鸢尾（蝴蝶花）	宿根草本，品种丰富，株高30~100cm，花蓝、白、紫、黄色	5月	喜湿润、排水好，喜光，半阴也可	分株	适于花带、花境
	芍药（白术）	宿根草本，花茎13~18cm，色彩丰富	4~5月	耐寒，喜排水好	分株	适于片植
	水仙（中国水仙）	多年生草本，花白、黄色，有浓香	11月至翌年2月	喜水，喜光，忌高温	分球	适于盆栽，可地栽观赏
	百合	株高50~100cm，花单生，有白、粉、紫、红、绿色	夏	喜冷凉、湿润、肥沃、微酸	分球、分株	适于大面积群植
	千屈菜	多年生宿根花卉	夏	喜水，喜光、通风良好	扦插、分株	盆栽做花坛中心或背景材料
	醉蝶花（西洋百花菜）	株高60~100cm，总状花序顶生，花白、淡紫色	7~9月	喜温暖、通风、光照，耐热	播种	适于花丛、花境
	景天	株形整齐，叶肉质，头状花序，花红色	全年，以观叶为主	耐旱，喜温	扦插	适于花坛

续 表

图示	中文名	形态特征	花期	习性	繁殖	用途
	玉簪	宿根花卉，株高 30～40cm，花白、紫色，有香味	6~8月	耐寒，耐阴，忌阳光直射	分株	适于栽于阴处花坛
	菊花	宿根花卉，株高 60～100cm，品种丰富，花色极多	9~12月	耐寒，不耐水湿	扦插	做花坛材料
	月季	木本花卉，株高 20～150cm，因品种而异	5~10月	喜光，喜肥	扦插为主	可做专类园林材料
	球根海棠	株高 30～80cm，花色多，单瓣或重瓣	夏、秋	温室过冬，喜潮湿，忌炎热	扦插或用块茎繁殖	盆栽布置花坛
	八仙花（阴绣球）	株高 50～100cm，花由白色转为绿色，进而变为粉、蓝色	3月扦插，8月开花	半耐寒性灌木	扦插、分株	适于花径、花丛
	喇叭水仙（洋水仙）	花色浅黄，有重瓣种	3~4月	喜暖湿	分球	适于草坪内自然式花坛
	白头翁（大碗花）	多年生草本，花葶高 15~30cm，花萼花瓣状，黄色	3~4月	喜光，不耐阴	宜直播	适于点缀草坪
	小蜀葵	多年生草本，高 1.5m，花色少	6~8月	喜光，耐寒	自播	适做花坛背景

图示	中文名	形态特征	花期	习性	繁殖	用途
	荷包牡丹	宿根花卉，花着生一侧，呈弯垂状，粉色	4~5月	喜光，耐寒	分株	适于地栽丛植
	大蜀葵（熟季花）	多年生草本，高2m，花红、粉、藕荷、黄、白等色	6~8月	耐寒，喜光、排水良好	播种、分株	适做花坛背景
	翠菊（江西腊）	株高20~80cm，因品种而异，花桃红、粉、紫、白等色	5~6月	喜光	秋播为主	高品种做花坛中心，矮品种做花坛边缘
	莲花掌（石莲花）	株形似莲花，以观叶为主	春、夏、秋	耐旱，忌水湿	分株	适于点缀毛毡花坛
	翠雀花	株高120~150cm，因品种而异，花桃蓝、紫、白等色	4~7月	喜凉爽、通风、干燥，喜光	扦插、播种	适于花径、花境
	荷花（芙蓉）	水生植物，叶、花挺水，花白、红、粉等色	夏、秋	喜光，喜温暖，在水中生长越冬	地下茎繁殖	适于水景花坛
	睡莲	水生浮水植物，花白、黄、红、紫等色	夏	喜光，喜温暖，在水中生长越冬	地下茎繁殖	适于水景花坛

图示	中文名	形态特征	花期	习性	繁殖	用途
	王莲	水生浮水植物，叶直径可达1~2m，可承重50kg	夏	喜光，喜温暖	播种为主	适于水景花坛
	彩叶草	株高50~80cm，可通过修剪控制，叶色变化多，紫色	全年观叶	喜光、温暖、湿润	扦插、播种	适于花坛边缘或点缀花坛中部
	红叶甜菜	叶丛生于根颈，暗紫色，有光泽	全年观叶	喜光，喜肥，也耐阴	播种	用于花坛配色，盆栽用于花坛
	棕榈	常绿木本，大型叶，圆或椭圆形	全年观叶	北方地区秋季入室越冬	播种	中心部位

思考题

1. 什么是花坛？花坛的特点是什么？

2. 花坛有哪些作用？

3. 常见的花坛类型分为哪些？

4. 简述花坛植物选择原则。

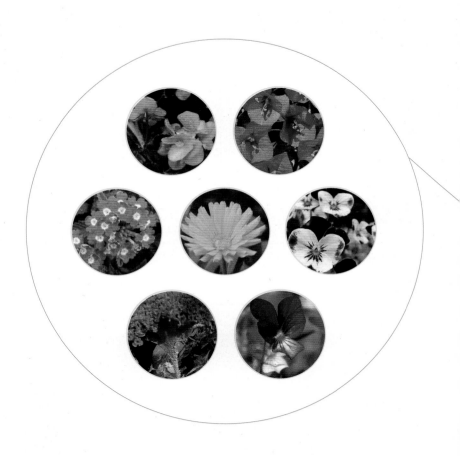

2 花坛设计

2.1 花坛设计原理

2.1.1 花坛设计原则

（1）以花为主

任何形式的花坛，不论其主题如何，通常都要以花为主。有的主题花坛的主景是水景或雕塑或其他的内容，花只是作为陪衬用，但从用花的体量来说，应占主要成分，若只是在主景的周围设置一条条的花缘做边或一点点花盆、花堆，从概念说则不能称为花坛，而是该主景的名称了。

（2）立意为先

这是任何艺术创作的前提。而立意的首位则是主题内容的确定，但不论哪一种类型的花坛，即使是没有主题的纯观赏花坛，也有"立意"的要求，即欣赏什么花坛，是以宿根花卉、草本花卉为主，还是以五色草为主来构成的纹样花坛或是标志花坛；其盛花期要求定在什么季节，什么时间；选用单一种植物材料，还是多种植物材料；是否需要有一定的背景或衬景（如坛边缘的材料）作衬托；采用哪一种花坛的形式，几何图形还是自然形式；一切都要以达到纯观赏的最佳效果为准则。如较为简单的动物造型前的标题花坛，动物用什么材料制作，是植物，还是其他的雕塑材料；其造型是抽象的，还是写实的；花坛用立体的，还是平面的，等等，均需要在设计时首先确定。

（3）提高花坛的文化品位

这里包括民族文化与外来文化的丰富多彩的内容与形式，如现代公园中草坪上及树林下的大片自然式花坛，让中国人也能欣赏到法国式、英国式或意大利式的花卉景观，但如许多国产的具有民族文化内涵的标题花坛如"五谷丰登"、"双龙戏珠"、"钟"、"鼎"等其造型与植材都能较好地体现花坛的文化性。但其文化品位的提升，除了其主题内容之外，还要依赖于制作的精细与造型。

（4）考虑时空的要求

花坛的内容与形式，随时代的变化（包含科技发展的变化与人的欣赏观念的变化等等）越来越丰富，对旧有的花坛不能不作相应的调整及舍弃，正如其他艺术一样，有的觉得过时了，或者不大符合广大青年人的品位，有的主题虽好，但表现形式却不够现代化，而有的内容及形式都似乎俗气、粗糙，但也有一些经过长期考验，为群众所喜闻乐见的，则必须传承下去。实际上，人们的审美观念通常也会随着时代的前进而变化的，尤其是青少年的思想相对活跃，而科技进步，如新的结构（花坛结构）、新的材料，如假花制作技术、园林中采用的塑石的技术都可以达到"乱真"的程度一样。而催花、延缓花期（花期控制技术）、干花（将真的观赏植物材料经过漂白、染色、干燥、软化后的花材）都可以达到形象逼真的效果，或者取代部分花材。这些技术上的发展，都有可能会引起花坛艺术的一场革命。

花坛设计与空间环境的关系则更为直接，也更为重要，要使花坛成为城市环境中的生态重点，除了与具体环境在比例大小、高低、形式的自然或规则、色彩的厚重、浓艳、大方、淡雅等之外，作为景点，设计要精细，有"后院"与"门面"之别和远近之分，但必须"有空皆绿"、"处处有景"；以符合普及性的生态环境要求。因此花坛设计中的时空观念是必须考虑的。

如图2-1所示，如道路交叉路口的圆形花坛、分车带的条形花坛、大建筑物前的五角形花坛或八角形花坛、文化广场的组合花坛等。

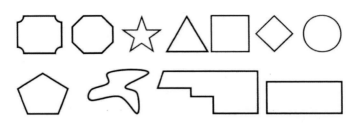

图 2-1　花坛的平面轮廓

2.1.2　花坛与环境关系

花坛在园林中有时是作为主景出现，如建筑物的前庭，广场中央，大门入口处等。有的则是起着衬托作用，如树木基部、墙基、台阶旁、灯柱下、宣传牌或者雕像基座等。所以设计时应考虑到诸多因素，使之不但能表现花坛本身的美，并且能与周围环境融为一体，充分发挥花坛在园林中"画龙点睛"以及指示、宣传等作用。

在设计花坛时，应该从整体考虑某一环境所要表现的形式、主题思想以及色彩的组合等因素。要达到与环境协调、统一，又能充分发挥花坛本身的最佳效果，如果作为陪衬设置的花坛，必须注意不能喧宾夺主。

① 花坛与建筑物的关系。花坛本身的轴线，不论长轴与短轴，方向必须与所在地建筑物的轴线一致，两者的轴线，应采用平行方向，花坛外部的轮廓线也应同建筑物的外边线或者相邻的道路边线取得一致，在建筑群中设置花坛时，更要考虑与建筑物的风格、形式协调统一。比如在现代化建筑群中，可采用各不相同的几何形轮廓，而在古代建筑附近，则以采用花台形式为宜。至于花坛面积的大小，应根据建筑面积及建筑群中广场大小同期考虑，广场中央花坛，一般情况不应超过广场面积的 1/4 ~ 1/3，但是也

不能小于1/5。

在建筑物墙面的基础部分设置花坛时，目的是借助花卉掩饰墙基与地面相接处，打破接缝处的平直呆板线条，起到装饰墙基的作用。但墙基花坛的宽度不宜过大，能够起到镶边作用即可。

建筑物的大面积墙面，建筑师已用不同色彩、不同建筑材料加以美化处理，但也不妨在墙基处稀疏地种植少量地锦，增加垂直绿化功能，活化墙面，地锦种植地外种植树状月季，有绿有花，使呆板的墙面得到花的映衬，但根据经验，建筑师通常难以接受，这是不同行业中难以统一的观点问题。

由于城市中建筑如雨后春笋般交错林立，使绿地面积越来越缩小。因此屋顶花园的设置就显得尤为重要。但在屋顶上设置花坛，形式可以多样，既可以设立高于屋顶地面的花台，也可以设置低于屋顶地面的花池，但在建筑之初，必须在屋顶铺设牢固的防水层，并且屋顶花坛内所用基质不能采用普通土壤，而以珍珠岩、草炭土、蛭石、锯木等轻质基质为宜，以减少屋顶的承重。

② 花坛与道路的关系。在园林绿地中，常常会出现连续花坛、带状花坛等多种形式的观赏类型。带状花坛是利用同期开放或先后开放的草本花卉，规则地栽种在设有砌边的植床内，在路旁连成延长线。带状花坛的宽度不应同路宽相等，宜小于路的宽度，长度的设置则可根据路的长度来确定。

如果在路旁采用自然式的种植方式，则可以不设砌缘，近路面的一面，种矮小花卉，如一二年生草花，后面栽种较高的宿根花卉和球根花卉，如金光菊（如图2-2所示）、芍药（如图2-3所示）、美人蕉、大丽花。花卉花期不一，形式趋向自然，在道路旁增添了一份活泼的气氛。

图2-2　金光菊

图2-3　芍药

在3条、4条或多条道路交叉处，可设置圆形、三角形、方形、多边形花坛，面积要适度，以不影响人行、车行为准则。

③ 花坛与周围其他植物的关系。花坛所在地周围植物，特别是乔木对花坛投影的程度，往往成为花坛能否发挥最佳效果的关键。所以，在设计时，植物材料的选择，必须根据该地接受阳光照射的时间来决定。阳光充足之处，就应选用喜光花材；反之，光照时间短或者根本得不到阳光照射处的花坛，必须选用半耐阴或耐阴的花材。花卉得不到适合的光照时间与强度，就不能取得最佳观赏效果。比如草茉莉从傍晚到清晨开放，午前萎谢，如种植在光照时间很长的花坛内，势必不能充分发挥其特性，又如半支莲为喜阳花卉，在强光下，五颜六色的花冠全部开放，若应用在弱光甚至见不到直射光的树阴下，则花冠闭合，花蕾不展。因此在进行花坛设计时，对于各种花卉的开花特性以及花坛所在地的条件要统一进行考虑，才能收到良好的效果。

④ 花坛与环境空间的关系。按照上述各类型花坛的面积，小的如树基花坛，只及零点几平方米，大的如主题花坛，面积可达

数百平方米，所以在城市中要"见缝插绿"，花坛是最具条件的，即使是种一株树的地方，树的基部也可设置一个几盆花的花堆，花坛面积的幅度，花坛材料的丰富，花坛形式的多样，花坛设计的灵活性，真够得上是城市整体环境的生态螺丝钉，比如在一个建筑物围墙旁，设计了一个宽仅35cm的植坛，里面栽着一行小小的凤仙花，使整个墙面从色彩到姿态，如镶嵌了一条美丽的丝带，这看似微不足道的小景，若能普及到城市中各个微小的点上，形成一种红红绿绿、时有时无、闪闪烁烁、又小又亮的"星星"，则会对城市景观起着"足微大观"的作用。

2.1.3　盛花花坛的设计

（1）植物选择

以观花草本植物为主体，可以是一二年生花卉，也可以用多年生球根或者宿根花卉。可适当选用少量常绿、色叶及观花小灌木作辅助材料。

一、二年生花卉为花坛的主要材料，其色彩丰富，种类繁多，成本较低。球根花卉也是盛花花坛的优良材料，开花整齐，色彩艳丽，但成本较高。适合作花坛的花卉应株丛紧密、着花繁茂，理想的植物材料在盛花时应完全覆盖枝叶，要求花期较长，开放一致，并且至少保持一个季节的观赏期。如为球根花卉，要求栽植后开花期一致。花色明亮鲜艳，有十分丰富的色彩幅度变化，纯色搭配及组合较复色混植更为理想，更能体现色彩美。不同种类的花卉群体配合时，除考虑花色外，也要考虑到花的质感相协调才能获得较好的效果。植株高度依种类不同而异，但以选用10～40cm的矮性品种为宜。此外要移植容易，缓苗时间短。

（2）色彩设计

盛花花坛表现的主题是花卉群体的色彩美，所以在色彩设计上要精心选择不同花色的花卉巧妙搭配。通常要求鲜明、艳丽。如果有台座，花坛色彩还要与台座的颜色相协调。

盛花花坛常用的配色方法如下。

① 对比色应用。这种配色比较活泼而明快。深色调的对比较为强烈，给人兴奋感，浅色调的对比配合效果较理想，对比就不那么强烈，柔和而又鲜明。比如堇紫色＋浅黄色（堇紫色三色堇＋黄色三色堇、荷兰菊＋黄早菊＋紫鸡冠＋黄早菊、藿香蓟＋黄早菊），橙色＋蓝紫色（金盏菊＋三色堇、金盏菊＋雏菊），绿色＋红色（扫帚草＋星红鸡冠）等。

② 暖色调应用。类似色或者暖色调花卉搭配，当色彩不鲜明时可加白色以调剂，并提高花坛明亮度。这种配色鲜艳，热烈而庄重，常用在大型花坛中。比如红＋黄或红＋白＋黄［黄早菊＋白早菊（如图2-4所示）＋一串红（如图2-5所示）或一品红（如图2-6所示）、白色三色堇＋红色美女樱或金盏菊或黄三色堇＋白雏菊］。

白早菊

黄早菊

图2-4　早菊

图 2-5 一串红

图 2-6 一品红

③ 同色调应用。这种配色不太常用,适用于小面积花坛及花坛组,不作主景,起装饰作用。比如白色建筑前用纯红色的花,或由单纯红色、紫红色或黄色单色花组成的花坛组。表 2-1 列出了绿化用草花的同种花色的不同色系,可以看出同一色系花材的差别。

色彩设计中还要注意其他一些问题,一个花坛不宜有过多颜色,一般花坛 2~3 个颜色,大型花坛 4~5 种颜色。配色过多就会显得杂乱,难以表现群体效果。

表2-1 草花同种花色的不同色系

颜色	花　材			
红色	一串红	红色矮牵牛	鸡冠花	红色百日草（如图2-7所示）
黄色	万寿菊	孔雀草	金盏菊（如图2-8所示）	黄色金鱼草（如图2-9所示）
蓝色	串蓝	藿香蓟	蓝色翠菊	蓝色矢车菊（如图2-10所示）
白色	银叶菊（如图2-11所示）	白色矮牵牛（如图2-12所示）	白色翠菊	
粉色	粉色矮牵牛（如图2-13所示）	粉色翠菊（如图2-14所示）		
其他色	地肤、三色堇、小丽花、福禄考（如图2-15所示）、天竺葵（如图2-16所示）			

图2-7　百日草　　　　图2-8　金盏菊

图 2-9　金鱼草

图 2-10　矢车菊

图 2-11　银叶菊

图 2-12　白色矮牵牛

图 2-13　粉色矮牵牛

图 2-14　粉色翠菊

图 2-15　福禄考

图 2-16　天竺葵

花坛的色彩要与其作用相结合考虑。节日花坛、装饰性花坛要与环境相区别，组织交通用的花坛要醒目，而基础花坛则应同主体相配合，起到烘托主体的作用，不可过分艳丽，避免喧宾夺主。

不同于调色板上的色彩，花卉色彩需要在实践中对其仔细观察才能正确应用。同为红色的花卉，如天竺葵、一品红、一串红等，在明度上有差别，分别与黄早菊配用，效果不同，一串红较鲜明，一品红红色较稳重，而天竺葵较艳丽，后两种花卉直接与黄菊配合，也有明快的效果，而一品红与黄菊中加入白色的花卉才会有比较好的效果。同样，黄、紫、粉等各色花在不同花卉中明度、饱和度均不相同，仅据书中文字描述的花色是远远不够的。也可用盛花花坛形式组成文字图案，这种情况下用深色（如红、粉）作文字，用浅色（如黄、白）作底色，效果比较好。

（3）图案设计

外部轮廓主要是几何图形或者几何图形的组合。花坛的大小要适度。在平面上过大在视觉上会引起变形。观赏轴线通常以8～10m为度。现代建筑的外形趋于曲线化、多样化，在外形多变的建筑物前设置花坛，可用流线或折线构成外轮，对称、拟对称或者自然式均可，以求与环境相协调，内部图案要简洁，轮廓明显。忌在有限的面积之内设计繁琐的图案，要求有大色块的效果。一个花坛即使用色很少，但是图案复杂则花色分散，不易体现整体效果。

盛花花坛可以是某一季节观赏，如春季花坛、夏季花坛等，至少要保持一个季节内有较好的观赏效果。设计时可同时提出多季观赏的实施方案，可用同一图案更换花材，也可以另设方案，一个季节花坛景观结束之后则立即更换下季材料，完成花坛季相交替。

在花坛色彩搭配中考虑颜色对人的视觉及心理的影响。如暖色调在面积上给人以扩张感，而冷色则有收缩感，所以设计各个色彩的花纹宽窄、面积大小要有所考虑。同为红色花卉，一品红、一串红、天竺葵在明度上有较大差别，分别同黄早菊相配，效果不同。

2.1.4　模纹花坛的设计

模纹花坛主要表现植物群体形成的华丽纹样，要求图案纹样精美细致，有长期的稳定性，可以供较长时间观赏。

（1）植物选择

植物的高度与形状与模纹花坛纹样表现有着密切关系，是选择材料的重要依据。低矮细密的植物才能形成精美细致的华丽图案。典型的模纹花坛材料如五色草类及矮黄杨都符合以下要求。

①　以生长缓慢的多年生植物为主，如白草、红绿草、尖叶红叶苋等。一二年生草花生长速度不同，图案不易稳定，可以选用草花的扦插、播种苗及植株低矮的花卉作图案的点缀，前者如紫菀类、矮串红、孔雀草、四季秋海棠等；后者有香雪球、半支莲、雏菊、三色堇等，但将它们布置成图案主体则观赏期相对较短，通常不使用。

②　以株丛紧密，枝叶细小，萌蘖性强，耐修剪的观叶植物为主。通过修剪可使图案纹样清晰，并维持较长的观赏期。枝叶粗大的材料不易形成精美的纹样，在小面积花坛上尤不适用。观花植物花期短，不耐修剪，即使使用少量作点缀，也以植物株低矮、花小而密者效果为佳。植株矮小或通过修剪可控制在 5 ~ 10cm 高，耐移植，易栽培以及缓苗快的材料为佳。

（2）色彩设计

按照设计的图案纹样，用植物的色彩突出纹样。比如选择五色觅中红色的小叶红、紫褐色小叶黑与绿色的小叶绿描出各种花纹。为使之更清新还可以用白绿色的白草种在两种不同色草的界限上，以突出纹样的轮廓。

① 选择草花栽种花坛时，应有一个主色调，其他色调只起到勾画图案轮廓的作用，通常只选用1～3种草花作为主色调。

② 选用草花的色调忌杂乱均等，每个花坛的色调种类视大小以5～10种为宜，过多易凌乱，过少不易构成图案。

③ 选用花坛色调要依据四周环境，如在公园、广场等公共场所应以鲜明活泼的暖色为主，而纪念馆、办公楼、图书馆应以安静幽雅的冷色为主。

④ 通常情况下，相间两种草花颜色尽量反差大一些，这样层次感强、易构成花坛轮廓线。

⑤ 若用同一色调草花种植花坛时，浅色面积大一些，宜用深色镶边或勾画轮廓。

⑥ 白色草花除可衬托其他色草花之外，还可勾画鲜明的轮廓线。

（3）图案设计

模纹花坛以突出内部纹样华丽为主，所以植床的外轮廓以线条简洁为宜，可参考盛花花坛中较简单的外形图案。面积不宜过大，特别是平面花坛，面积过大在视觉上易造成图案变形的弊病。

内部纹样与盛花花坛相比要较精细复杂些。但点缀及纹样不可过于窄细。以红绿草类为例，不可窄于5cm，通常草本花卉以能栽植2株为限。若设计条纹过窄则图案难于表现，纹样粗宽色彩才会鲜明，使图案清晰。

内部图案可选择的内容广泛，比如仿照某些工艺品的花纹、卷云等，设计成毡状花纹；用文字或文字与纹样组合构成图案，如国旗、国徽以及会徽等，设计要严格符合比例，不可以改动，周边可用纹样装饰，使图案精细，用材也要整齐，多设置于庄严的场所：名人肖像，设计及施工均较严格，植物材料也要精选，从而真实体现出名人形象，多布置在纪念性园地。

也可选用花篮、花瓶、各种动物、建筑小品、花草、乐器等图案或造型，可以是装饰性，也可以有象征意义；此外还可借助一些机器构件如电动机等与模纹图案共同组成有实用价值的各种计时器。常见的有时钟花坛、日晷花坛及日历花坛等。

① 时钟花坛。用植物材料时钟表盘，中心安置电动时钟，指针高出花坛之上，可正确指示时间，设在斜坡上观赏效果好。

② 日晷花坛。设置在公园、广场有充分阳光照射的草地或广场上，用毛毡花坛组成日晷的底盘，在底盘的南方立一倾斜的指针，在晴天时指针的投影可从早7时至下午5时指出正确时间。

③ 日历花坛。用植物材料组成"年""月""日"或"星期"等字样，中间留出空间，用其他材料制成具体的数字填于空位，每日更换。此种花坛也宜设于斜坡上。

2.1.5 立体花坛的设计

（1）标牌花坛

花坛以东、西两向观赏效果好，北向逆光，纹样暗淡，装饰效果差，南向光照过强，影响视觉。也可设在道路转角处，以观赏角度适宜为准。有两种方法，其一用五色苋等观叶植物为表现字体及纹样的材料，栽种在15cm×40cm×70cm的扁平塑料箱内。整体的设计完成后，每箱依照设计图案中所涉及的部分扦插植物材料，各箱拼组在一起则构成总体的图样。之后，依图案将塑料箱固定在竖起（可垂直，也可斜面）的钢木架上，形成立面景观。其二则是盛花花坛的材料为主，表现字体或者色彩，多为盆栽或者直接种在架子内。若架子呈圆台或棱台样阶式可作四面观，若架子为台阶式则一面观为主。设计时要考虑阶梯间的宽度及梯间高差，阶梯高差小形成的花坛表面较细密。用钢架或砖及木板做成架子，然后依图案设计将花盆摆放其上，或栽植于种植槽式阶梯架内，形成立面景观。

设计立体花坛时要注意高度与环境协调。台阶式不易过高，种植箱式可较高。除个别场合利用立体花坛作屏障外，一般应在人的视觉观赏范围之内。此外，高度要同花坛面积成比例。以四面观圆形花坛为例，通常高为花坛直径的1/6～1/4较好。还应注意设计时各种形式的立面花坛不应露出架子及种植箱或花盆，充分展示植物材料的色彩或者所组成的图案。此外，还要考虑实施的可能性及安全性，比如钢木架的承重及安全问题等。

（2）造型花坛

造型物的形象根据环境及花坛主题来设计，可为花篮、花瓶、动物、图徽及建筑小品等等，色彩应同环境的格调、气氛相吻合，比例也要与环境协调。运用毛毡花坛的手法完成造型物，常用的植物材料，比如五色草类及小菊花。为方便施工布置，可在造型物下面安装有轮子的可移动基座。

2.1.6 花坛设计层次与背景

（1）层次

常规的设计是采用内高外低的形式，使花坛形成自然斜面，便于观赏者能看到花坛内较为完整的、清晰的花纹。若所采用花苗的高度基本相等时，则可将土壤整出适当的斜坡（一般以30°角为宜，过大坡度易引起水分下流，边缘积水，中心缺水）。通常宜采用不同高度的花卉相互搭配，使各种花卉不致互相遮挡，使设计纹样明显突出。

面积较大的花坛，若应用基本相同株高的花卉时，可在花坛中心部位（如圆形花坛）或四角或周边（如方形花坛）适当配置较高的植物。花坛中央可按照面积大小配置适中的苏铁、凤尾葵、黄杨、槟榔竹等（如图2-17～图2-20所示）。四角或边缘可点植龙舌兰、扫帚草、一叶兰等（如图2-21～图2-23所示），以打破由于花坛面积大，而显得布局平淡的感觉。五色草花坛可配植荷兰菊（如图2-24所示）、秀墩草、石莲花（如图2-25所示）等较矮小的植物材料；花坛群中心花坛则可配置较高大的常绿植物，如桧柏（如图2-26所示）、雪松（如图2-27所示）及开花灌木，如紫薇、连翘、树状月季（如图2-28～图2-30所示）等，如此高低错落，使花坛景观富有层次感，既有规律而又显活泼自然。

图 2-17　苏铁

图 2-18　凤尾葵

图 2-19　黄杨

图 2-20　槟榔竹

图 2-21 龙舌兰

图 2-22 扫帚草

图 2-23　一叶兰

图 2-24　荷兰菊

图 2-25　石莲花

图 2-26　桧柏

图 2-27　雪松

图 2-28　紫薇

图 2-29 连翘

图 2-30 树状月季

（2）背景

花坛效果的好坏，常会由于背景的设计和选择适当与否有关。

所以，设置花坛应与背景的设计与选择同时考虑，若以建筑物作为花坛的背景，则注意花坛内所选用花材的色彩与建筑物的色彩应该有明显的区别，若以绿色植物作花坛背景，由于绿色的色度较暗，花坛用材以选用鲜艳的或浅色调的为宜。若山石作为花坛所在地的背景，由于园林内的山石多为灰色，则花坛材料以紫、红、粉、橙等色为妥；而至于草地边缘的花带、花坛，除应求其色彩鲜艳外，还应选择花朵繁茂、聚花型材料为宜。若采用枝叶茂密而花朵稀少的材料，则花坛与草地没有鲜明的区别，所以，势必不能发挥花坛在园林中"锦上添花"的效果。

总之，在设计花坛时，必须使花坛的色彩突出、醒目，与背景色彩不重复；花坛内植物的高度，体量还应同背景取得协调。若棚架前花坛的基座过高，遮挡棚架太多，会影响到棚架若隐若现的意境。又如雕塑花坛，花卉占用面积过大时，与雕塑的体量不协调，使主体处于从属地位，因此应当避免这种喧宾夺主的设计手法。

2.2 花坛的布置

在一个具体环境中，花坛可以作为主景，也可作为配景。形式与色彩的多样性决定了它在设计上也有广泛的选择性。花坛的设计首先应考虑体量、风格、形状诸方面与周围环境相协调，其次才考虑花坛自身的特色。比如在现代风格的建筑物前可设计一些有时代感的抽象图案，形式力求新颖；而在民族风格的建筑前设计花坛，应选择具有中国传统风格的图案纹样及形式。

花坛的体量、大小也应同花坛设置的广场、出入口及周围建筑的高低成比例，通常不应超过广场面积的1/3，不小于1/5。出入口设置花坛以既美观又不妨碍游人的行走路线为原则，在高度上不可遮住出入口视线。花坛的外部轮廓也应同相邻的路边、建筑物边线和广场的形状协调一致。色彩应区别于所在环境，既起到醒目和装饰作用，又与环境协调，融于环境之中，形成整体美。

2.2.1 花坛的平面布置

首先绘制花坛平面设计图，来表明花坛的图案纹样及所用的植物材料。可以用水彩或者马克笔及彩色铅笔表现，根据所设计的花色上色，绘出花坛的图案之后，用符号或者数字在图上依纹样标明使用的花卉，从花坛内部向外依次编号，并要与图旁边的植物材料表相对应，表内项目包括花卉的中文名、拉丁学名、株高、花色、花期以及用花量等。若花坛用花随时节变化需要更换，则在平面图及材料表中应给予说明。

其次，在花坛施工图设计中，需要标明整理地床、放线以及栽苗的步骤。

2.2.2 花坛的立面处理

高度设计应主要从方便观赏的角度出发，比如通常要求供四面观赏的花坛中间高、四周低。要达到这一要求有两种方法：一是直接选择不同高度的花卉进行布置，将高的种在中间，矮的种在四周即可；另一种方法是堆土法，也就是在种植池中做中间高、四周低的土基，再将高度一致的花材按设计的要求进行种植。若为两侧观赏的花坛则要求中间高、两侧低或为平面布置，而单面观赏的花坛则要求前排低、后排高。

设计好平面图后需要通过立面效果图来说明花坛的效果及景观。花坛中某些局部，如做造型等细部，在必要时应绘出立面放大图，且其比例及尺寸应准确，为制作及施工提供可靠数据，如图 2-31 所示。

平面图　　　　　　　　　　立面图

图 2-31　花坛平立面的设计

现以标语花坛与立体造型花坛为例，介绍立体花坛立面控制的方法。

①标语花坛是借助固定的框架以某一个角度向人们展示而形成的立面景观。通常布置在道路转角处，或者以东西两向为观赏面。有以下两种方法。

一种是用五色苋等观叶植物作为表现字体及纹样的材料，栽种在 15cm×40cm×70cm 的扁平塑料箱内。完成整体图样设计之后，每箱按设计图案中所设计的部分扦插植物材料，各箱拼组在一起构成总体图样。然后，按照图案将塑料箱固定在竖起的钢木架上。

另一种是以盛花花坛的材料为主，表现字体或者色彩，多为盆栽或直接种在架子内。架子为阶式时则一面观为主，架子呈圆台或者棱台样阶式时可作四面观。

花坛高度通常不宜超过人的视平线，最高处不应超出 1.5m。通常花坛的四周镶边部位低一些，中心部位高一些，视线近处低一些，视线远处高一些；并且衬托部位低一些，突出部位高一些。注意整个花坛面要平，切忌忽高忽低。

②造型花坛中造型物的形象根据环境及花坛主题来设计，可

以是动物、徽章以及建筑小品等,比例也要与环境相协调。

2.2.3 花坛边缘设计

花坛边缘的设计一般可分为三大类。

(1)以各种低矮花卉组成植物型的边缘

其中常用的植物材料有雏菊、矮翠菊(如图2-32所示)、半支莲、荷兰菊、三色堇、美女樱(如图2-33所示)、天冬草(如图2-34所示)、沿阶草、孔雀草、福禄考乃至玉簪花等,一般多用宽窄不等的规则式或自然式的花缘、花境或者摆设盆花的方式。

图 2-32　翠菊

图 2-33　美女樱

图 2-34　天冬草

（2）以建筑材料制成的边缘

如砖、木竹以及水泥等砌成造型不同、高低不等的边缘，既有木板、木筒、砖砌，水泥粉刷等密实的边缘；也有以竹栏杆及木栏杆组成的各种形状虚空的边缘，高的达50～60cm，低的约10cm左右，尤以原木或竹筒竖向插于地上作边缘的最为常见。

（3）以自然石块砌边

有用碎石砌成一定造型的边，也有用大小不等的自然石块所做成不同宽度的或自由断续布置于边缘的。

总之，花坛边缘的设置，要便于花坛植物的正常生长，做好漏水、蓄水的防护措施；而在边缘的造型、体量（长度，宽度及曲度）及色彩上，要同花坛的主景相协调，不要喧宾夺主；而在大自然的林下、草坪上的自然式大花坛，也不一定需要像小范围花坛那样的边缘，只要加强养护管理，即使无边缘也可产生优美的景观。

2.3 花坛设计图的绘制

2.3.1 环境总平面图

应标出花坛所在环境的道路、建筑边界线、广场及绿地等，并绘出花坛平面轮廓。依面积大小有别，通常可选用1：100或1：1000的比例。

2.3.2 花坛平面图

需标明花坛的图案纹样及所用植物材料。其上标明符号或阿拉伯数字，从花坛内部向外依次编号，并要与图旁的植物材料表对应，表内项目包括花卉的中文名、拉丁学名、株高、花色、花期以及用花量等，如图 2-35 所示。

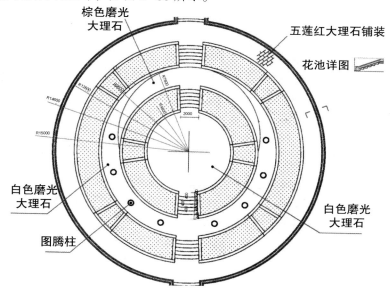

图 2-35　花坛平面图（单位：mm）

2.3.3　花坛立面图

说明花坛的效果及景观。在花坛中某些局部，比如造型物等细部，在必要时绘出立面放大图，其比例尺寸应准确，为制作及施工提供可靠数据，如图 2-36 所示。

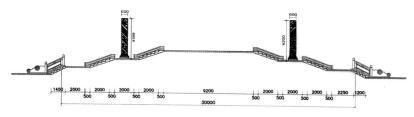

图 2-36　花坛立面图（单位：mm）

2.3.4　设计说明书

简述花坛的主题、构思，并说明设计图中难以表现的内容，文字宜简练，也可附在花坛设计图纸内。对植物材料的要求，包括育苗计划、用苗量的计算、育苗方法、起苗、运苗及定植要求，以及花坛建立后的一些养护管理要求。设计说明书可以与上述各图布置在同一图纸上，注意图纸布图的媒体效果，也可另列出来。

2.4　花坛设计图例

（1）混合花坛（如图2-37～图2-42）

① 如图2-37所示。图中数字代表的植物依次是：1—中心花卉；2—草花（中、高花卉）；3—草花（低矮花卉，如荷兰菊）；4～7—五色草，依次为花大叶、绿草、小叶红、黑草。

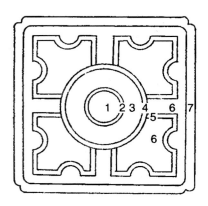

图2-37　混合花坛1

② 如图2-38所示。图中数字代表的植物依次是：1—一串红（紫或红色鸡冠花）；2,5—荷兰菊；3—五色草（绿草）；4—五色草（花大叶或小叶红）；6—五色草（黑草）。

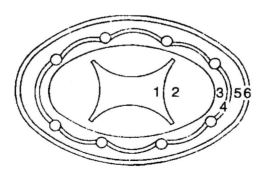

图 2-38　混合花坛 2

③ 如图 2-39 所示。图中数字代表的植物依次是：1—鸡冠花（红色或紫色）；2—荷兰菊；3—五色草（绿草）；4—五色草（花大叶或小叶红）；5—五色草（黑草）。

图 2-39　混合花坛 3

④ 如图 2-40 所示。图中数字代表的植物依次是：1—中心花卉（苏铁、大叶黄杨球）高矮视花坛直径大小决定；2——串红或早黄菊；3—早黄菊或一串红；4—五色草（绿草）；5—五色草（花大叶或小叶红）；6—荷兰菊。

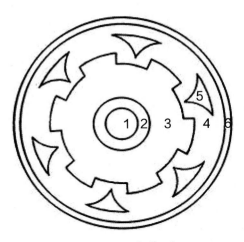

图 2-40　混合花坛 4

⑤ 如图 2-41 所示。图中数字代表的植物依次是：1—草花（凤仙花、半支莲、早菊、一串红、矮鸡冠花）；2—草花（孔雀草、荷兰菊）；3～5—五色草，依次为绿草、花大叶或小叶红、黑草。

图 2-41　混合花坛 5

⑥ 如图2-42所示。图中数字代表的植物依次是：1—中心花卉；2—草花（中、高花卉）；3—五色草（花大叶）；4—草花（低矮花卉）；5，6—五色草，依次为绿草、黑草或小叶红。

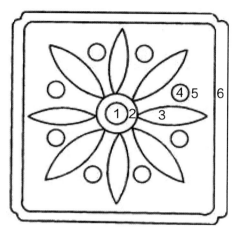

图2-42　混合花坛6

（2）花坛群（如图2-43、图2-44）

① 如图2-43所示。图中数字代表的植物依次是：1—树坛种植常绿树或开花灌木、草花；2～5—草花或木本花卉（如月季）。

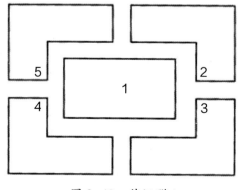

图2-43　花坛群1

② 如图 2-44 所示。图中数字代表的植物依次是：1——一二年生草花或球根花卉；2～5—宿根花卉。

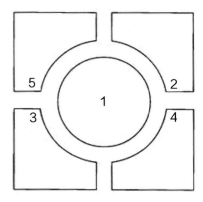

图 2-44　花坛群 2

（3）五色草模纹花坛（如图 2-45 ～图 2-51）

① 如图 2-45 所示。图中数字代表的植物依次是：1—中心花卉（如苏铁、黄杨球）；2—五色草（花大叶）；3—五色草（黑草）；4—五色草（绿草）；5—五色草（小叶红）。

图 2-45　模纹花坛 1

② 如图2-46所示。图中数字代表的植物依次是: 1—中心花卉;
2—周边花卉; 3～5—五色草, 依次为绿草、花大叶、小叶红; 6—
四季海棠或荷兰菊。

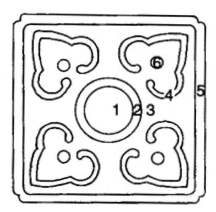

图 2-46　模纹花坛 2

③ 如图2-47所示。图中数字代表的植物依次是: 1—四季海
棠; 2～5—五色草, 依次为小叶、花大红、绿草、花大叶; 6—
四季海棠或龙舌兰。

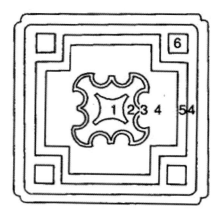

图 2-47　模纹花坛 3

④ 如图2-48所示。图中数字代表的植物依次是：1—中心花卉；2—草花；3~6—各色五色草。

图 2-48　模纹花坛 4

⑤ 如图2-49所示。图中数字代表的植物依次是：1—中心花卉；2—草花；3~6—五色草，依次为小叶红、花大叶、绿草、黑草。

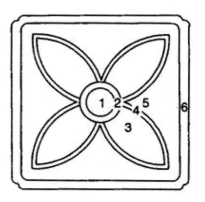

图 2-49　模纹花坛 5

⑥ 如图2-50所示。图中数字代表的植物依次是：1—中心花卉；2~5—五色草，依次为小叶红、花大红、绿草、黑草。

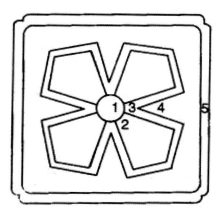

图 2-50　模纹花坛 6

⑦ 如图 2-51 所示。图中数字代表的植物依次是：1—中心花卉；2—周边花卉；3 ~ 6—五色草，依次为花大红、绿草、小叶红、扫帚草；7—四季海棠或荷兰菊；8—五色草。

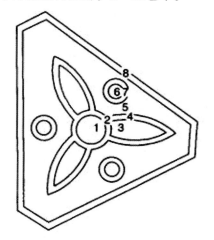

图 2-51　模纹花坛 7

（4）草花花坛（如图 2-52 ~图 2-67 所示）

① 如图 2-52 所示。图中数字代表的植物依次是：1—早菊（混

合色）；2—鸡冠（红色或紫色）；3—荷兰菊。

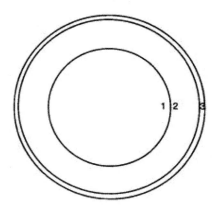

图 2-52　草花花坛 1

② 如图 2-53 所示。图中数字代表的植物依次是：1—半支莲（混合色）；2—半支莲（红色）；3—半支莲（白色）；4—半支莲（混合色）。

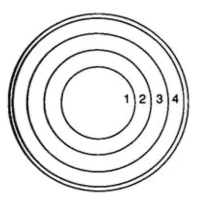

图 2-53　草花花坛 2

③ 如图 2-54 所示。图中数字代表的植物依次是：1—中心花卉；2—一串红；3—大丽花（矮性小花型，各种颜色的品种）；4—一串红；5—旱黄。

图 2-54　草花花坛 3

④ 如图 2-55 所示。图中数字代表的植物依次是：1—万寿菊；
2—半支莲（白、黄、粉等浅色调）；3—半支莲（红、紫等深色调）；
4—孔雀草。

图 2-55　草花花坛 4

⑤ 如图 2-56 所示。图中数字代表的植物依次是：1—中心花
卉；2—金盏菊；3—石竹；4—金盏菊；5—三色堇；6—盆栽花卉（一
叶兰或矮绣球花）。

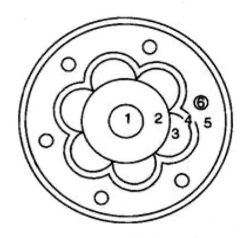

图 2-56　草花花坛 5

⑥ 如图 2-57 所示。图中数字代表的植物依次是：1—中心花卉；2—凤仙花；3—半支莲；4—凤仙花；5—半支莲；6—扫帚草。

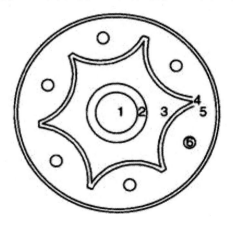

图 2-57　草花花坛 6

⑦ 如图 2-58 所示。图中数字代表的植物依次是：1—中心花卉；2—金盏菊；3—石竹；4—三色堇；5—石竹；6—雏菊；7—三色堇。

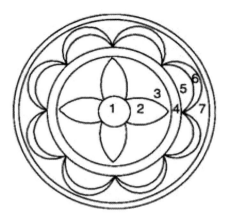

图 2-58 草花花坛 7

⑧ 如图 2-59 所示。图中数字代表的植物依次是：1—中心花卉；2—美女樱；3—孔雀草；4—半支莲（混合色）；5—孔雀草。

图 2-59 草花花坛 8

⑨ 如图 2-60 所示。图中数字代表的植物依次是：1—中心花卉；2—春季为绣球花，秋季为一串红；3—春季为金盏菊，秋季为（混合色）；4—春季为三色堇，秋季为鸡冠花（矮性、红色品种）；5—春季为雏菊，秋季为荷兰菊。

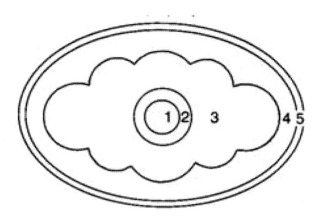

图 2-60　草花花坛 9

⑩ 如图 2-61 所示。图中数字代表的植物依次是：1—中心花卉（苏铁或黄杨球）；2—金盏菊；3—三色堇（浅黄色品种）；4—石竹；5—雏菊（红色或粉红色品种）。

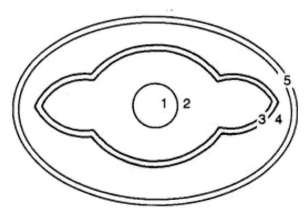

图 2-61　草花花坛 10

⑪ 如图 2-62 所示。图中数字代表的植物依次是：1—中心花卉；2—金盏菊；3—凤仙花（红色）；4—美女樱；5—孔雀草；6—半支莲。

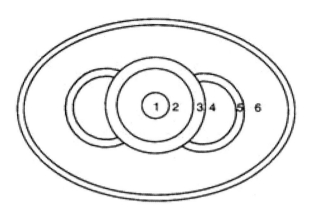

图 2-62　草花花坛 11

⑫ 如图 2-63 所示。图中数字代表的植物依次是：1—中心花卉；2—雏菊（粉色）；3—小丽花；4—半支莲；5—孔雀草；6—福禄考；7—荷兰菊；8—孔雀草。

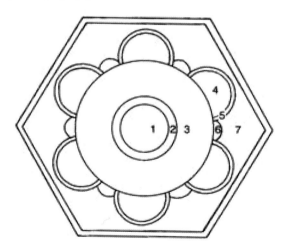

图 2-63　草花花坛 12

⑬ 如图 2-64 所示。图中数字代表的植物依次是：1—鸡冠花（红色或紫色）；2—黄菊；3—小丽花（混合色）；4—孔雀草。

花坛营造与管理

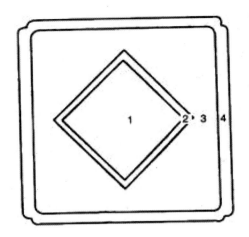

图 2-64　草花花坛 13

⑭ 如图 2-65 所示。图中数字代表的植物依次是：1—黄杨；2—一串红；3—金盏菊；4—雏菊；5—福禄考。

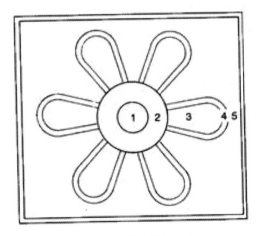

图 2-65　草花花坛 14

⑮ 如图 2-66 所示。图中数字代表的植物依次是：1——串红；2—金盏菊；3—三色堇；4—福禄考；5—粉春菊。

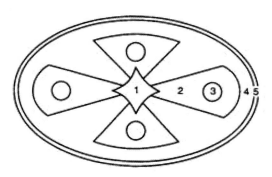

图 2-66 草花花坛 15

⑯ 如图 2-67 所示。图中数字代表的植物依次是：全部栽一二年生草花(或球根花卉，或宿根花卉)或与球根花卉、宿根花卉混栽。

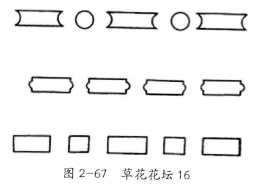

图 2-67 草花花坛 16

思考题

1. 花坛的设计原则都有哪些?

2. 花坛边缘设计分为哪三类?

3. 绘制花坛设计图时通常包括哪些内容?

4. 怎样控制立面花坛的立面?

5. 简述立体花坛设计时的注意事项。

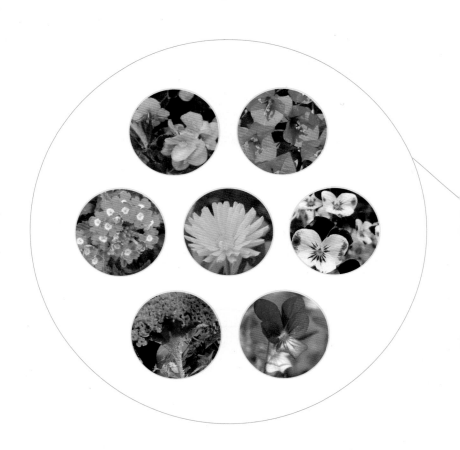

3　花坛施工

3.1 平面花坛的施工

3.1.1 整地

整地是花坛施工的基本步骤，同时也是一道重要的不可缺少且不能马虎的工序。首先，土面必须平整，没有坑穴，防止造成平面的凹凸现象。其次，花坛内土壤中的土块，必须砸碎，以便在土壤中形成空隙，栽种后花苗的根系不能同土壤紧密结合，因为若根系的毛细管作用不能正常进行，会影响根部充分吸收水肥，从而使刚刚移入的花苗吸收不到所需水肥，而拖延了缓苗这一重要环节，最终影响花苗的继续生长。整地的同时，若有条件，应加入一些腐熟的堆肥，这样不但能改善土壤的物理性能，使土质疏松，空气流通，有利于有益微生物在土壤中的活动，又能使花卉得到这种由机肥所产生的、源源不断供应的肥料，使开花持久而繁茂。但必须强调的是，在未经高温发酵而腐熟这一过程的肥料中，会隐藏着害虫卵、蛹等，一旦孵化为幼虫或者成虫，会咬食花卉的根部，甚至出土危害枝叶。常常遇到的缺苗（死苗），就是根部被害虫咬食的结果。同时未发酵的肥料，在水分充足的花坛内，气温、土温升高时，就开始发酵，从而产生大量热源，灼伤花苗的根部，影响花坛的美观、整齐、健壮以及观赏时间。补缺株既费工，又常会由于补栽苗的规格难以与花坛内花苗生长势和规格一致，而影响到整个花坛的质量。

3.1.2 放样

一般花坛设计图的比例，多采用1/50的规格，要基本上分毫不差地把设计图的线条画到花坛的土表上，熟练的工人只需要一根绳子、一个带有刻度的木尺（多为1m长，最长为2m），一个木圆规（或以小木楔与绳子配合，固定木楔绘制圆心）以及干沙或白灰（撒在花纹线上）等简单工具即可操作。纹样的绘制，由中心开始，渐渐向外推移，放大样时，不会要求分毫不差，但是不能误差过大，小的误差可借助花苗冠幅大小进行调整。

3.1.3　施工

花坛施工，首先要翻整土地，拣除或过筛剔出石块、杂物。若土质过劣则换以好土，如土质贫瘠则应施足基肥。土地按设计要有边缘，以免水土流失和避免游人践踏。也可在平整后，四周用花卉材料作边饰，不得已情况下也可以用水泥砖、陶砖砌好配以精致的矮栏，更能增加美观及起到保护作用。然后根据图纸要求以石灰粉在花坛中定点放样，以便按设计进行栽植。

植株移栽前苗床要浇一次水，使土壤保持一定湿度，以避免起苗时伤根。起苗时，要根据花坛设计要求的植株高低、花色品种进行掘取，然后放入筐内防止挤压、散坨。将苗移到花坛时应立即栽种，切忌烈日曝晒。栽植时应按照先中心后四周，或自后向前的顺序进行栽种。如用盆花，应连盆埋入土中，而盆边不宜露出地面。不耐移植而用小盆的花卉品种，则应倒出后栽种。模纹花坛则应先栽模纹图案，然后栽底衬，全部栽完之后，立即进行平剪，高矮要一致，株行距根据植株大小或者设计要求决定。五色苋类株行距一般可按3cm×3cm；中等类型花苗如金鱼草、石竹（如图3-1所示）等，可按15～20cm；大苗类如金盏菊、一串红、万寿菊等，可按按照30～40cm，呈三角形种植。花坛所用花苗不宜过大，但必须很快形成花蕾，达到观花的目的。

图 3-1 石竹

3.2 模纹式花坛施工

模纹式花坛又称"图案式花坛"。由于花费人工较多,一般均设在重点地区,种植施工应注意以下几点。

(1)整地翻耕

除按照上述要求进行外,由于它的平整要求比一般花坛高,为了防止花坛出现下沉和不均匀现象,在施工时应增加一、二次镇压。

(2)上顶子

模纹式花坛的中心多数栽种苏铁、龙舌兰及其他球形盆栽植物,也有在中心地带布置高低层次不同的盆栽植物,称为"上顶子"。

(3)定点放线

上顶子的盆栽植物种好后,应将其他的花坛面积翻耕均匀,耙平,然后按图纸的纹样精确地进行放线。一般先将花坛表面等分为若干份,再分块按照图纸花纹用白色细沙撒在所划的花纹线上。也有用铅丝、胶合板等制成纹样，再用它在地表面上打样。

（4）栽草

一般按照图案花纹先里后外，先左后右，先栽主要纹样，逐次进行。如花坛面积大，栽草困难，可搭搁板或扣子匣子，操作人员踩在搁板或木匣子上栽草。栽种时可先用木槌子插眼，再将草插入眼内用手按实。要求做到苗齐，地面达到上横一平面，纵看一条线。为了强调浮雕效果，施工人员事先用土做出形来，再把草栽到起鼓处，则会形成起伏状。株行距离视五色草的大小而定，一般白草的株行距离为 3～4cm，小叶红草、绿草的株行距离为 4～5cm，大叶红草的株行距离为 5～6cm。平均种植密度为每平方米栽草 250～280 株。最窄的纹样栽白草不少于 3 行，绿草、小叶红、黑草不少于 2 行。花坛镶边植物火绒子、香雪球栽植距离为 20～30cm。

（5）修剪和浇水

修剪是保证五色草花纹好球的关键。草栽好后可先进行 1 次修剪，将草压平，以后每隔 15～20 天修剪 1 次。有两种剪草法：一种平剪，纹样和文字都剪平，顶部略高一些，边缘略低。另一种为浮雕形，纹样修剪成浮雕状，即中间草高于两边，否则就露出地面，浇水除栽好后浇 1 次透水外，以后应每天早晚各喷水 1 次。

3.3　立体花坛的施工

立体花坛的形式多样，体量不一，因而制作框架的材料、方法也各不相同，现在就几点代表性的框架加以说明。

（1）丝网及木板、木条混合结构

线条简单，形体较小的立体花坛，如高度不超过 1.5～2m 的花瓶或其他线条简单的造型，可利用蒲包、铁丝网作为形体表面的外膜，中央填土的方式，为了整体垂直，需在中心立一根立柱；在中心立柱的上、中、下部位，钉数层横木作支撑，然后用板条在横木上有间隔地竖向钉牢，形成立体形象的外部轮廓，然后用铅丝将蒲包固定在板条外面，由于蒲包质地柔软，不能承受内部填满土壤后的压力，因此在蒲包外围加一层铅丝网作为蒲包支撑土壤强度的护网，然后用土壤填满立体框架的中心，填土时从基部层层向上填充，而蒲包与铅丝网必随着一层层由下往上包扎固定在板条或者骨架上，每固定一层，往中心填土、夯实，并用木槌在网外拍打，以调整立体形状的轮廓。达到中心土壤紧实的程度，又通过拍打，使形象逼真。栽种五色草为主材的立体花坛宜用这种框架，各种色彩的小苗都是通过一头削尖的圆木棒（长约15～20cm，直径约3cm），按在蒲包上绘好的花纹，通过蒲包扎入土壤，然后顺着尖棒将苗栽入土壤，用尖棒压紧苗根，使之与土壤密切结合，如图3-2所示。

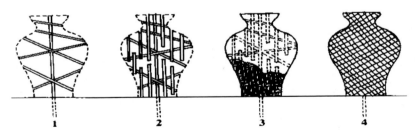

图3-2　丝网及木板、木条混合结构

（2）立体花柱制作

近年来垂直的立体花柱，为城市环境、节日增色不少。根据设计所需高度及圆形的直径或方形柱的边长，制作牢固的钢架，钢架的外围为圆形或方格孔隙排列，作为小花盆（方形盆或圆形）

依次横向或斜向（上斜）置入的孔隙，盆与盆之间紧密排列，按照设计的色彩及纹理进行，顶部同样为可以将花盆架设在上的方形或圆形排列孔，孔的大小、形状、稀密按设计时选用花卉种类及花卉的冠幅，用盆的种类和大小而定，总之，柱形框架的制作，必须考虑能够承受盆栽花卉的总重量，加上喷水后的总重量。所以基底必须牢固稳重，防止倾斜坍塌。应使圆柱形的高度与圆直径取得比例协调的效果。

（3）异型塑体物框架的制作

如"双龙戏珠"、"孔雀开屏"、"飞龙"等不同形体的立体形象，有时是腾空而起，体量也很长很大，这一类的造型花坛，通常采用钢材制作成一个与形体相同的空心框架，将盆花按照设计盆置入框架之内，让花卉的色彩紧贴框架，使色彩和形体明显突出，如图3-3所示。

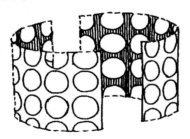

图3-3　空心框架

思考题

1. 简述平面花坛整地操作过程。

2. 简述模纹式花坛施工有哪些注意事项？

3. 简述立面花坛代表性框架的制作方法。

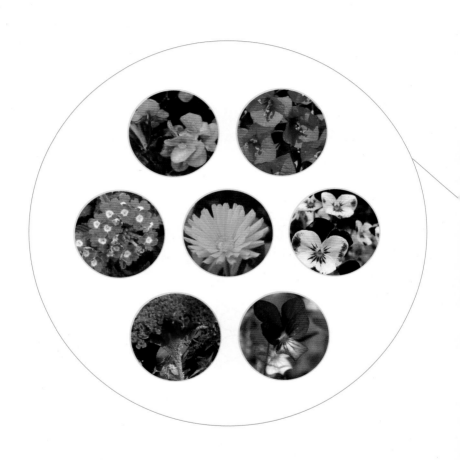

4　花坛的养护与管理

4.1　养护管理

（1）花坛的养护

花苗栽植完毕之后，需立即浇一次透水，使花苗根系同土壤紧密结合，提高成活率。应注意平时及时浇水、中耕、除草、剪除残花枯叶，保持花坛清洁美观。如发现有害虫滋生，则应立即将其根除。若有缺株要及时补栽。对五色苋等组成的模纹花坛应经常整形、修剪，以保持图案整洁、清晰。具体如下。

① 工具配置。草剪、洞撬、锄头、洒水车等。

② 工作内容

a.松土除杂草。对于尚未郁闭的花坛，在生长季节每月松土1次，除杂草2次，松土深度3～5cm；非生长季节每月除杂草1次，为避免草坪长入花坛，影响植物生长，每年4～5月和8～9月在松土的同时进行修边，并且修边宽度30cm，线条流畅。

b.修剪。一般每年2～3月份重剪1次，为促进侧枝发芽，保留30～50cm，之后每个月按照花坛养护标准进行修剪造型，中间高、两边低，中间高度因品种不同而异，一般50～80cm，并且形成曲面要有较好的园林美化效果。

c.施肥。2～3月份重剪之后以撒施基肥为主，每平方米施0.1～0.15kg，以后依据生长情况用复合肥进行追肥，结合雨天每平方米撒施0.1～0.15kg，晴天施肥时应确保淋足水，施肥方法以撒施为主。

d.补植。对因市政工程、交通事故、养护不当、人为践踏等造成的死苗要及时补植，一般应补回原来品种，并力求相近于原来规格。

e.淋水。补植后一个星期之内每天淋水1次,施肥时加强淋水,通常情况下2~3天淋水1次。

③ 检查项目

a.花坛完整情况。是否有缺株、残缺。

b.生长情况。长势旺盛,没有病虫害发生。

c.修剪造型。要有一定的园林艺术效果。

主要灌木造型及规格如下。

大红花——球形、圆柱形,高1.2~1.5m,径1.0~1.5m,如图4-1所示。

图4-1 大红花

杜鹃——球形、蘑菇形、动物造型等,高1.2~1.5m,径1.0~1.5m,如图4-2所示。

图4-2 杜鹃

九里香——球形,高1.0~1.3m,径1.0~1.5m,如图4-3所示。

图 4-3 九里香

福建茶——球形、动物造型等,高 1.0～1.5m,径 1.0～1.5m,如图 4-4 所示。

图 4-4 福建茶

含笑、米兰——球形,高 0.8～1.0m,径 0.8～1.0m,如图 4-5、图 4-6 所示。

图 4-5 含笑

图 4-6　米兰

d.开花。开花植物，开花准时、艳丽，花朵覆盖率 50% 以上。

e.土壤。疏松，无杂草。

④ 注意事项生长旺盛，花繁叶茂，修剪要精细美观，具有艺术感及创意。

（2）花坛的更换

由于各种花卉都有一定的花期，要使花坛（尤其是设置在重点园林绿化地区的花坛）一年四季有花，就必须按照季节和花期，经常进行更换。每次更换都要根据绿化施工养护中的要求进行。现将花坛更换的常用花卉介绍如下。

① 春季花坛。春季开花的草本植物，大部分都必须在上年的 8 月下旬至 9 月上旬播种育苗，在阳畦内越冬。阳畦还必须设有风障，加盖芦席，晴天打开，让其接受阳光照射，下午再盖上，使它安全越冬。春季花坛主栽培的花卉有金盏花、三色堇、春菊、桂竹香、紫罗兰、中华石竹、须苞石竹、小白菊、金鱼草、天竺葵、花葵、锦葵、高雪轮、矮雪轮、牵牛花、一串红、矢车菊、飞燕草、勿忘我、诸葛菜、鸢尾、金盏菊、佛甲草、鸭跖草等（部分品种参见图 4-7 ～图 4-20 所示）。

图 4-7　春菊

图 4-8　桂竹香

图 4-9　紫罗兰

图 4-10　须苞石竹

图 4-11　小白菊

图 4-12　花葵

图 4-13　锦葵

图 4-14　高雪轮

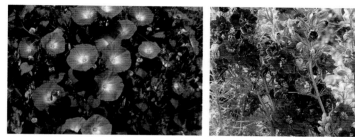

图 4-15　牵牛花

图 4-16　飞燕草

图 4-17　勿忘我

图 4-18　诸葛菜

图 4-19　佛甲草

图 4-20　鸭跖草

　　春季花坛以 4~6 月开花的一、二年生草花为主，再配合一些盆花。常用的种类有：三色堇、金盏菊、雏菊、桂竹香、矮一串红、月季、瓜叶菊、旱金莲、大花天竺葵、天竺葵等。

　　② 夏季花坛。夏季开花的草本植物，大部分都应在 3 ~ 4 月播种，在平畦内进行培养，五月中旬栽培。这个时期开花的植物

有凤仙花、百日草、万寿菊、草茉莉、夜来香（如图4-21所示）、半支莲、滨菊、一串红、金莲花、中心菊、孔雀草、马利筋（如图4-22所示）、千花葵、麦秆菊（如图4-23所示）、矮牵牛、千日红（如图4-24所示）、百日菊等。

图4-21 夜来香　　　　　图4-22 马利筋

图4-23 麦秆菊　　　　　图4-24 千日红

夏季花坛以7~9月开花的春播草花为主，配以部分盆花。常用的有：石竹、百日草、半枝莲、一串红、矢车菊、美女樱、凤仙、大丽花、翠菊、万寿菊、高山积雪（如图4-25所示）、地肤、鸡冠花、扶桑（如图4-26所示）、五色梅（如图4-27所示）、宿根福禄考等。夏季花坛根据需要可更换一两次，也可随时调换花期过了的部分种类。

图 4-25　高山积雪

图 4-26　扶桑

图 4-27　五色梅

③ 秋季花坛。秋季开花的草本植物，大部分都应在 6 月中下旬播种，在平畦内进行幼苗培育，7 月末便可进行花坛栽培。这个时期开花的植物，主要有鸡冠花、翠菊、百日草、一串红、小朵大丽花、福禄考、半枝莲、槭葵（如图 4-28 所示）、藿香蓟等。

图 4-28　槭葵

秋季花坛以 9~10 月开花的春季播种的草花并配以盆花。常用花卉有：早菊、一串红、荷兰菊、滨菊、翠菊、日本小菊、大丽花及经短日照处理的菊花等。配置模纹花坛可用五色草、半枝莲、香雪球、彩叶草、石莲花等。

④ 冬季花坛。长江流域一带常用红叶甜菜及羽衣甘蓝作为花坛布置露地越冬。

花坛的更换是为保证重点景观完美的一项措施。在园林中，花坛起的是"锦上添花"的作用，绝不可让残花败叶显现，而某些连续花期长的花材，也应及时剪除已谢的花头。而且要防止种子落入花坛土壤，萌发小苗，影响下一轮花坛的质量，若已出现必须人工拔除，以免搅乱了花坛纹理的清晰度。

4.2 肥水管理

（1）浇水或喷水

供水的时间以及供水量的多少，根据花坛所在地的环境条件而定，比如向阳迎风处，水分蒸发快，天气炎热水分蒸发快，气温低或阴天水分蒸发慢。而花苗本身也因生长习性不同，存在着需求不同的特点，所以水分的提供，要根据现实情况以及对花材生长的特性进行，难以统一规定，而五色草花坛，特别是立体花坛，必须采用喷水的方式进行，特定造型花坛、盆花装饰的花柱，都应以喷水方式补足所需水分。当前一些主要景点的主体花坛也可以采用安装滴灌线路于各个部位，实行滴灌保持土壤湿润，又能防止喷水引起的、因强度大小不易掌握而发生不均匀，或冲刷土壤的弊端。

栽好花苗后，在生长过程中要不断浇水，以补充土中水分之不足。浇水的次数、时间、灌水量则应根据气候条件及季节的变化灵活掌握。因为花苗一般都比较娇嫩。所以喷水时还要注意下列几方面的事项。

① 每天浇水时间，通常应安排在上午 10 时前或下午 2 ~ 4 时以后。若一天只浇一次，则应安排傍晚前后为宜；忌在中午，气温正高、阳光直射的时间浇水。由于这时土壤温度高，一浇冷水，土温骤降，对花苗生长十分不利。

② 每次浇水量要适度，既不能水量过大，也不能水过地皮湿，而底层仍然是干的。土壤经常过湿，会造成花根腐烂。

③ 水温要适宜。通常春、秋雨季水温不能低于10℃；而夏季则不能低于15℃。如果水温太低，则应事先晒水，待水温升高之后再浇。

④ 浇水时应控制流量，不可太急，防止冲刷土壤。

（2）补肥

一般花坛土壤内已施有供花苗在观赏时间内需肥的需要，但是某些花卉，如用作花柱的矮牵牛、四季海棠等，可以用营养液利用滴灌的手段，使之长时期接受补肥，以延续其花期。花坛内的观叶植物，则可借助叶面喷肥的方法进行补肥，使叶色保持正常状态。

草花所需要的肥料，主要是依靠整地时所施入的基肥。在定植的生长过程中，也可以根据需要，进行几次追肥。在追肥时，注意千万不要污染花、叶。施肥后应及时浇水。对球根花卉，不可以使用未经充分腐熟的有机肥料，否则会造成球根腐烂。

4.3　整形修剪

植物栽植完后，根据设计要求和植物生长情况对植物进行精修剪，修剪时尽量平整，同时将图案的边缘线修出，使轮廓边界更清晰、自然，造型更加生动，达到设计要求。开花的植物要及时地摘除残花、残叶、病叶；及时修掉徒长部分，保持造型完整。对使用花灌木作为背景的，要同步进行整形修剪以保证总体比例得当，并去除枯枝、徒长枝等。

4.4 常见花坛花卉培育

4.4.1 一串红

4.4.1.1 基本介绍

一串红，唇形科鼠尾草属植物，又名爆仗红，如图4-29所示。一串红花序修长，色红鲜艳，花期长，适应性强，是中国城市和园林中最普遍栽培的草本花卉。近年来，国外在鼠尾属观赏植物的应用上有了新的发展，粉萼鼠尾草（一串蓝）、红花鼠尾草（朱唇）均已培育出许多新品种。中国也已引种并进行小批量的生产，并且在城市景观布置上已起到了较好的效果。

图4-29 一串红

一串红为草本植物。茎高约80cm，光滑。叶片呈卵圆形或卵形，长4～8cm，宽2.5～6.5cm，基部圆形，顶端渐尖，两面无毛。轮伞花序具2～6花，密集成顶生假总状花序，苞片卵圆形；花萼钟形，长11～22mm，绯红色，上唇全缘，下唇2裂，齿卵形，顶端急尖；花冠红色，冠筒伸出萼外，长3.5～5cm，外面有红色柔毛，筒内无毛环；雄蕊与花柱伸出花冠外。小坚果卵形，有3棱，平滑。花期7～10月。上海及南京各公园中常见栽培，供观赏。

一串红原产南美巴西。喜温暖及阳光充足环境。不耐寒，耐半阴，忌高温和霜雪，怕积水和碱性土壤。一串红对温度反应较为敏感。种子发芽需21～23℃，温度低于15℃很难发芽，20℃以下发芽不整齐。幼苗期在冬季以7～13℃为宜，3～6月生长期以13～18℃最好，温度超过30℃，会使植株生长发育受阻，花、叶变小。所以，夏季高温期，需降温或适当遮阴来控制一串红的正常生长。长期置于5℃低温下，易受冻害。

一串红是喜光性花卉，栽培场所必须阳光充足，对一串红的生长发育非常有利。若光照不足，植株易徒长，茎叶细长，叶色淡绿，若长时间光线差，叶片就会变黄脱落。若开花植株摆放在光线较差的场所，常常花朵不鲜艳、容易脱落。对光周期反应敏感，具短日照习性。

一串红要求疏松、肥沃以及排水良好的砂质壤土。而对用甲基溴化物处理土壤和碱性土壤反应十分敏感，适宜于pH值为5.5～6.0的土壤中生长。

4.4.1.2 栽培管理

（1）播种

① 播种时间。一串红从播种到开花通常需要80～100天。可按照消费者的用花时间、生产者的栽培水平、栽培条件而定。

为了防止延误花期，可提早 15 ~ 20 天播种。如应五一节开花的一串红播种时间可依据生产者的栽培条件不同而不同，如果生产者有温室，在温室条件下，可于当年 1 月份播种，保持较高的温度即可；若没有上述条件，则可在头年 11 月底 12 月初进行播种，小苗在阳畦或者 Et 光温室中生长，次年温度回升后，再移到露地进行管理。

② 播种技术。可采用穴盆、平盘、箱播以及床播的方式进行播种。

a.土壤的准备。播种介质采用疏松透气的培养土。以平盘播种为例：土壤以干净的泥炭土（草炭土）、蛭石以及珍珠岩按照一定比例调配制成。在配制土壤过程中，喷洒适量水分，使混合土壤成半湿润状态，然后才装盘。避免干的泥炭土装盘后，很难浸透或浇透，从而造成播种后种子缺少水分而不易发芽。特别注意将 pH 值调节为 5.5 ~ 6.0。

b.装盘。装盘时最好在底部垫一层湿报纸，避免土壤渗漏。装好盘后，可以采取底部浸水和上部浇水的方式使土壤完全湿润。在底部浸水时可以在水中加入 5% 的高锰酸钾对土壤进行消毒；上部浇水则在播种后最后浇水时加入百菌清或者多菌灵也可达到同样的目的。

c.播种。可以采取点播或均匀撒播的方式进行播种。因为一串红种子喜光，所以播种后无需覆土，为了提高发芽率和整齐度，通常播后覆盖一层粗质蛭石 0.8 ~ 1cm，然后用细喷头轻轻喷水 1 次，使土壤湿润，接近浸透，使种子同基质紧密接触。然后用薄膜或者湿报纸覆盖，置于遮雨的地方，待其发芽。

（2）育苗

a.子叶的出现。需要 12 ~ 14 天的时间，播种后的 5 ~ 7 天保持土壤温度为24～26℃，土壤湿润接近浸透。之后的1周土壤温度降到22～24℃，降低土壤水分，待土壤稍干燥再浇水，以便萌芽与根系发育。子叶完全展开之后，开始施以每升含氮50～75mg或者14-0-14的硝酸钙。在这个阶段，一串红对盐分过高或铵浓度过高都十分敏感。用洁净水浇灌，坚持在早晨浇水，这样可使植株叶子在晚上干燥，以防止疾病的发生。

　　b.真叶的生长。土壤温度降到20～21℃；土壤水分要等到土壤彻底干燥才浇水，这样可促进根的生长，同时也能控制幼芽的生长；使土壤pH值保持在5.5～6.0，电导率低于1.0mS/cm。交替施以每升含氮100～150mg或者20-10-20和14-0-14硝酸钙/硝酸钾。每浇水2～3次，施肥1次。在这个阶段要用硫酸镁或者硝酸镁补充镁1～2次，但不要将硫酸镁与硝酸钙混合，否则会产生沉淀物。

　　c.炼苗期。在这个阶段如果温度降低，会出现下部叶子变黄、下垂以及分根慢等现象。土壤温度保持在18～20℃。要等到土壤彻底干燥后才浇水。使土壤pH值保持在5.5～6.0，电导率低于1.2mS/cm。此时可施用每升含氮100～150mg或者14-0-14硝酸钙/硝酸钾。注意这个阶段不要用硝酸铵。一串红从生长到结束的温度为，白天16～18℃，夜间13～16℃。在保持适中温度的同时，也要尽可能提供光照。两次浇水之间加施每升含氮150～200mg的20-10-20的复合肥。

　　（3）上盆或上钵定植

　　移植或上盆时，用12～14cm口径的营养钵，一次上盆到位，不再进行换盆。用穴盘育苗的，应在长至2～3对真叶时移植上盆。上盆用土要求pH值在5.5～6.0。

　　（4）上盆后的管理

① 温度控制。上盆后一串红从生长到结束的温度为，白天 16 ~ 18℃，夜间 13 ~ 16℃。

② 光照调节。一串红为阳性花卉，阳光充足利于生长发育，有利于防止植株徒长。一串红的短日照习性比较敏感，在温室栽培期间，一串红喜强光照。在弱光照条件下，人工补充光照可抑制拔高生长。

③ 水肥管理。水分管理的关键是采用排水良好的介质，保持土壤彻底干燥之后才浇水，忌水分过多，夏季的雨水常会不利生长，因此南方地区的排水是必要的。对已上蕾或开花的植株特别需要注意的是在浇水过程中不要将水滴在花朵上，防止烂头。一串红不宜过多施肥。若是完全用人工介质栽培的,则施肥宜采用氮－磷－钾为 20-10-20 与 14-0-14 的肥料,以 150 ~ 200mg/L 的浓度 7 ~ 10 天交替施用 1 次。所有的一串红品种对盐分过高都十分敏感，应控制盐分，以防止落叶。

④ 植株高度控制。在植株高度的控制方面有 3 点要注意。一是一旦植株根系触及到盆壁，要等到叶子稍有点萎蔫再浇水；二是借助控制施肥来控制高度，特别是磷肥和氮肥；三是借助摘心来控制高度。幼苗盆栽或钵栽后，待 6 片真叶时进行第一次摘心。在生长过程中，十一节用花通常进行 2 ~ 3 次摘心，五一节用花摘 1 次心即可。矮壮素处理。待幼苗长出 4 ~ 5 片叶子时摘心 1 次，5 月中下旬上盆成活之后，用 0.20% 的比久溶液均匀喷洒植株 1 次，7 月下旬再摘心 1 次。待新芽长到约 1cm 时，再喷 1 次比久溶液，在 9 月下旬即可开花，株高维持在 30 ~ 35cm。

4.4.1.3 病虫害防治

（1）叶斑病和霜霉病

常发生叶斑病和霜霉病为害，可用 65% 代森锌可湿性粉剂 500

倍液喷洒。虫害常见的有银纹夜蛾、短额负蝗、粉虱以及蚜虫等，可用 10% 二氯苯醚菊酯乳油 2000 倍液喷杀。

由于地湿、气温低，严重荫蔽、不通风时所引起的叶腐烂，应及时采取措施进行处理。虫害主要是干热条件下，常有红蜘蛛为害。对蚜虫可用加水 1000 倍的氧化乐果水灭除。白粉虱可用加水 1000 倍的敌杀死再加少量吐温摇匀喷洒杀灭。

霉疫病是一串红的一种毁灭性病害，它主要为害其花卉茎、枝、叶，病害发病率极高，发展迅速，能致使花卉大批死亡。植株染病后，茎部受害初期感病部位出现水渍状、暗绿色不规则斑点，逐渐扩大，随后往上蔓延。后期病斑呈黑褐色，边缘不明显。病情发展迅速，很快扩展至中部，甚至顶端出现斑块，在严重时整株的茎部均成黑色。叶片受害多发生于叶缘、叶基部，叶柄受害后则叶片萎垂。在潮湿时病部生稀散的白霉。防治方法：

① 以控制湿度为主，栽植或摆置勿过密。高温高湿季节应注意排水及倒盆，注意通风。浇水时避免泥土飞溅到叶片上。少浇叶面水，以减少发病条件。

② 若发现病株，及时拔除烧毁，同时，每天株施用 5 ~ 10g70% 五氯硝基苯粉剂消毒土壤，以免扩大蔓延。

③ 初病期喷布 700 倍的 75% 百菌清可湿性粉剂，或者 600 倍代森锌可湿性粉剂，并将植株下面的土壤喷湿。

（2）一串红花叶病毒病

症状：植株感病之后，叶片主要表现为深浅绿色相间的花叶或者斑驳，叶细小、皱缩、质地变脆，花穗变短，植株矮化、丛生。

病原及发病规律：在北京地区主要有 4 种为害一串红的病毒，其中，主要病原为黄瓜花叶病毒（CMV）。蚜虫及木薯粉虱可以传染病毒。由于一串红的生长季节吻合于蚜虫的发生期，因此蚜虫与病害的发生有密切的关系。北京地区 9 月、10 月份由于蚜虫的繁殖,病害大量传播和蔓延,为害十分严重。此外,嫁接也可以传毒。

防治方法如下。

① 在植株生长期应认真防治蚜虫。用 40% 乐果 1000 倍液、50% 马拉松 1000 倍液或 90% 敌百虫 1000 倍液进行防治。

② 清除一串红栽培区的杂草,以减少侵染源。

③ 发现病株及时销毁。

④ 发病初期喷 20% 病毒灵 400 倍液 2 ~ 4 次。

⑤ 选用无毒健康植株做采种母株或者用种子繁殖。

4.4.2　万寿菊

4.4.2.1 基本介绍

万寿菊为一年生草本植物,如图 4-30 所示。是提取纯天然黄色素的理想原料,在非洲名为 Khakibush(卡基布许),它常被垂吊于土著的茅屋下,以用来驱赶成群的苍蝇。

图 4-30　万寿菊

株高 60 ~ 100cm,全株具异味,茎粗壮,直立,绿色。单叶羽状全裂对生,裂片披针形,具锯齿,上部叶时有互生,裂片边缘有油腺,锯齿有芒,头状花序着生枝顶,径可达 10cm,黄或橙色,总花梗肿大，花期在8～9月。瘦果黑色，冠毛淡黄色。喜阳光充足的环境，耐干旱、耐寒，在多湿的气候下生长不良。对土地要求不严，但以肥沃疏松排水良好的土壤为好。

万寿菊含有十分丰富的叶黄素。叶黄素是一种广泛存在于蔬菜、花卉、水果以及某些藻类生物中的天然色素，它能够延缓老年人由于黄斑退化而引起的视力退化及失明症，以及由于机体衰老引发的心血管硬化、冠心病和肿瘤疾病。从20世纪70年代起，美国就开始从万寿菊中提取叶黄素，最早是加在鸡饲料里，可以提高鸡蛋的营养价值。此外，叶黄素还可以应用在化妆品、医药、饲料、水产品等行业中。国际市场上，1g叶黄素的价格与1g黄金的价格相当。

叶黄素是万寿菊中的主要提取物，它广泛用于食品添加剂与饲料添加剂领域。近年，叶黄素被大量用于功能性保健食品的研发及生产上。据统计，每年世界上的叶黄素需求量在13亿～15亿克，而目前我国每年叶黄素的产量在8亿克左右，缺口在3亿～5亿克。作为万寿菊深加工产品，叶黄素晶体（食品医药原料）每吨售价在1500万元左右，效益非常可观。而其精加工产品叶黄素软胶囊及叶黄素片剂或水剂，附加值更高。

4.4.2.2 栽培管理

（1）育苗

育苗时间、面积以及用种量。育苗时间可由移栽时间而定。春万寿菊通常于移栽前40天左右育苗，每栽1亩（1亩≈667m²，下同）春万寿菊需苗床20~25m²，用种约30g。

① 育苗方式。春播万寿菊采用小拱棚或者阳畦育苗，以小拱棚居多。苗床选背风向阳，以东西走向为好。苗床的长度、宽度以薄膜大小、管理方便为宜，一般宽度不宜超过1.3m。拱棚高度

以 60cm 左右为宜。而薄膜则最好选用提温、保温性能好的无滴膜。

② 整畦施肥。万寿菊对土壤要求不严，应选土层深厚、疏松以及排水透气好的土壤。耙深 20~25cm，使表层土壤细碎绵软，田面平整。每栽 1 亩的苗床施土杂肥 200kg、菊花专用肥 2kg，土杂肥翻入地下，化肥均匀撒于畦面后，用锄划入地下，然后耙细、整平。

③ 种子处理。先精选种子，将杂质与秕籽剔除，保证种子饱满。然后对选出的种子进行晒种，以杀伤病菌，增强种子活力，提高发芽率。播种之前将种子在 35~40℃温水中浸泡 3 ~ 4h，然后捞出用清水过滤一遍，控干水之后即可播种。为防苗期病害，可用甲基托布津或百菌清进行药剂拌种。

④ 播种。播种应选在无风、晴天进行。于播种当天将苗床灌透水，待水渗下后即可进行播种。播种时将处理好的种子拌于细砂土中，分 2~3 遍撒于苗床。播种后覆过筛土 0.7~1cm。

⑤ 苗床管理。春播万寿菊于播种后 6~7 天出齐苗，苗出齐之后应注意苗床内的温度不可超过 30℃，防止造成烧苗和烂根。苗长到 3cm 左右、第一对真叶展开后，应注意通风，以免徒长。苗床内温度保持在 25~27℃，通风时间应在上午 8~9 时，不可在中午高温时通风，以免导致闪苗。如遇大风降温天气，停止通风。当室外平均气温稳定在 12℃以上时，应选晴朗无风天，揭开薄膜，将苗床内的杂草除掉。如缺水应喷一遍透水，并盖好膜，加大通风口，苗床内的浇水不宜太勤，以保持床土间干间湿为宜。当室外气温稳定在 15℃时应揭膜炼苗，在移栽前 7 天左右停止浇水，进行移栽前的靠苗，以备移栽。

（2）移栽

① 栽时间。当万寿菊株高 15~20cm、苗茎粗 0.3cm、出现 3~4 对真叶时即可移栽。

② 种植方式。采用宽窄行种植，小行 50cm，大行 70cm，株距 25cm，每亩留苗 4500 株，按照大小苗分行栽植。

③ 地膜覆盖。采用地膜进行覆盖，以提高地温，促进花提早成熟。

④ 浇水。移栽后要大水漫灌，促使早缓苗、早生根。

（3）田间管理

① 中耕培土。移栽后要浅锄保墒，当苗高 25～30cm 时出现少量分枝，从垄沟取土培于植株基部，以促发不定根，避免倒伏，同时抑制膜下杂草的生长。

② 浇水。培土后按照土壤墒情进行浇水，每次浇水量不宜过大，勿漫垄，保持土壤间干间湿。

③ 根外追肥。在花盛开时进行根外追肥，喷施的时间以下午 6 时以后为好，每亩喷施磷酸二氢钾 30g，尿素 30g。

4.4.2.3 病虫害防治

（1）病害防治

① 黑斑病。主要侵害叶片、叶柄以及嫩梢，叶片初发病时，正面出现紫褐色至褐色小点，扩大后多为圆形或不定形的黑褐色病斑。可喷施甲基托布津、多菌灵、达可宁等药物。

② 白粉病。侵害嫩叶，两面出现白色粉状物，早期病状不明显，白粉层出现 3～5 天后，叶片呈水渍状，渐失绿变黄，严重时则导致叶片脱落。发病期喷施三唑酮、多菌灵即可，但以国光英纳效果为最佳。

③ 叶枯病。多数叶尖或叶缘侵入，初为黄色小点，之后迅速向内扩展为不规则形大斑，严重受害的全叶枯达 2/3，病部褪绿黄化，褐色干枯脱落。防治以上病害除加强肥水管理外，冬天应剪掉病枝病叶，清除地下落叶，减少初侵来源，发病时应采取综合防治，并喷洒甲基托布津、多菌灵等杀菌药剂。

病害主要以预防为主，在高温、高湿或者阴雨季节定期喷施杀菌药物，在苗木进入休眠阶段喷施石硫合剂进行全面杀菌，确保苗木能够健壮生长，苗木长势强健，本身就抵御了一定的病害侵入。

（2）虫害防治

① 刺蛾。主要为黄刺蛾、褐边绿刺蛾、桑褐刺蛾、丽褐刺蛾、扁刺蛾的幼虫，于高温季节大量啃食叶片。

防治方法：一旦发现，应立即用90%的敌百虫晶体800倍液或用2.5%的杀灭菊酯乳油1500倍液进行喷杀。

② 介壳虫。主要有白轮蚧、日本龟蜡蚧、吹绵蚧、红蜡蚧、褐软蜡蚧、糠片盾蚧、蛇眼蚧等，其为害特点是刺吸万寿菊嫩茎、幼叶的汁液，致使植株生长不良，主要是高温高湿、通风不良以及光线欠佳所诱发。

防治方法：可于其若虫孵化盛期，用25%的扑虱灵可湿性粉剂2000倍液进行喷杀。

③ 蚜虫。主要为万寿菊管蚜、桃蚜等，它们刺吸植株幼嫩器官的汁液，为害嫩茎、幼叶以及花蕾等，严重影响到植株的生长和开花。

防治方法：及时用10%的吡虫啉可湿性粉剂2000倍液进行喷杀。

④ 蔷薇三节叶蜂。多在幼虫期，数十条或者百余条群集为害，短时间之内可吃光植株的嫩叶，仅剩下几条主叶脉，严重为害植株的正常生育。

防治方法：少量盆栽，可于刚出现时，采摘聚集有大量幼虫聚集的叶片，将其踩死。大量出现，可用750的辛硫磷乳油4000倍液进行喷杀。

⑤ 朱砂叶螨。一年之内可发生10～15代，以成螨、幼螨以及若螨群集于叶背刺吸为害，卵多产于叶背叶脉的两侧或聚集的细丝网下。每一雌螨可产卵50～150粒，最多时可达500粒，完

成一代的时间在 23 ~ 25℃的气温条件下只需 10 ~ 13 天，在 28℃时，只需 7 ~ 8 天。高温干旱季节发生较为猖獗，常致使叶片正面出现大量密集的小白点，叶背泛黄偶带枯斑。

防治方法：一旦发现，及时用 25% 的倍乐霸可湿性粉剂 2000 倍液喷杀。

⑥ 金龟子。主要为铜绿金龟子、白星花金龟子、黑绒金龟子、小青花金龟子等，常以成虫啃食新叶、嫩梢以及花苞，严重影响植株的生长和开花。

防治方法：利用成虫的趋光性，用黑光灯诱杀。利用成虫的假死性，于傍晚振落捕杀。在成虫取食为害时，用 50% 的马拉硫磷乳油 1000 倍液进行喷杀。此外，还有夜蛾、灯蛾、造桥虫、袋蛾、叶蝉以及蟠象等为害，可根据不同害虫种类的为害特点，采取相应的防治对策。

4.4.3 金盏菊

4.4.3.1 基本介绍

金盏菊，菊科金盏菊属植物，又名金盏花，如图 4-31 所示。一年生或越年生草本，喜光照，对土壤要求不严，可在干旱、疏松肥沃的碱性土中生长良好，耐瘠薄，常用于花坛摆花。

图 4-31　金盏菊

金盏菊株高 30～60cm，为二年生草本植物，全株被白色茸毛。单叶互生，椭圆形或者椭圆状倒卵形，全缘，基生叶有柄，上部叶基抱茎。头状花序单生茎顶，形大，4～6cm，舌状花一轮，或多轮平展，金黄或橘黄色，筒状花，褐色或黄色。也有重瓣（实为舌状花多层）、卷瓣和绿心以及深紫色花心等栽培品种。花期12 月～次年 6 月，盛花期 3～6 月。瘦果，种子为暗灰土色或黑色，呈船形、爪形，果熟期 5～7 月。

喜阳光充足环境，适应性较强，能耐 -9℃低温，但怕炎热天气。不择土壤，以疏松、肥沃以及微酸性土壤最好，能自播。金盏菊的适应性很强，较耐寒，生长快，不择土壤。能耐瘠薄干旱土壤及阴凉环境，在阳光充足及肥沃地带可良好生长。

金盏菊原产于欧洲南部，现世界各地都有栽培。英国的汤普森·摩根公司和以色列的丹齐杰花卉公司在金盏菊的育种及生产方面闻名于欧洲。

金盏菊植株矮生、密集，花色有橙红、淡黄、黄等，鲜艳夺目，是早春园林中常见的草本花卉，适用于花坛、花带、中心广场布置，也可作为草坪的镶边花卉或盆栽观赏。长梗大花品种可用于切花。

金盏菊是优良抗污花卉，抗二氧化硫能力很强，对氰化物及硫化氢也有一定抗性，同时也是春季花坛的主要材料，可作切花及盆栽。

金盏菊富含多种维生素，尤其是维生素 A 与维生素 C；几乎各部位都可以食用；其花瓣有美容之功能，花含类胡萝卜素、番茄烃、蝴蝶梅黄素、玉红黄质、挥发油、黏液质、树脂、苹果酸等。根含苦味质，山金东二醇；种子含甘油酯、蜡醇以及生物碱。放入洗发精里可以使得头发颜色变淡。

花、叶有消炎、抗菌作用，尤其是对链球菌、葡萄球菌效果较好。其抗菌成分溶于醇而不溶于水。在碱性环境中，效果较好。试验表明，花提取物对中枢神经系统有镇静作用，降低反射兴奋性；静脉注射可降低血压，增强心脏活动，增大心跳振幅，减慢心率，促进狗的胆汁分泌，加速创伤愈合。在欧洲民间外用于皮肤、黏膜的各种炎症，也可内服治各种炎症及溃疡（如胃及十二指肠溃疡、胃炎以及肝胆疾患等）。用于消化道癌肿，可减轻中毒症状、改善食欲及睡眠等，亦有用于月经不调者。酊剂在试管中对病毒有杀灭作用，但对小鼠用 A2 Frunzefluvirus 产生的病毒性肺炎，未显示治疗效果。叶的水提取物有加速血凝的作用（凝血酶原时间缩短），但此与其中所含的鞣质及钙盐有关。

4.4.3.2 栽培管理

（1）育苗

金盏菊主要用播种，常以早春温室播种或秋播，每克种子 100～125 粒，发芽适温为 20～22℃，盆播土壤需消毒，播后覆土 3mm，7～10 天后发芽。种子发芽率为 80%～85%，种子发芽有效期为 2～3 年。

（2）苗期管理

金盏菊的生长适温为 7～20℃，幼苗冬季能耐 -9℃低温，成年植株以 0℃为宜。温度过低需加薄膜进行保护，否则叶片易受冻害。冬季气温 10℃以上，金盏菊发生徒长。在夏季气温升高，茎叶会生长旺盛，花朵变小，花瓣显著减少。

金盏菊喜充足阳光，尤其冬季露地育苗或棚式栽培，均需充足日照，这样非常有利于茎叶生长，幼苗生长矮壮、整齐。若遇阴雨雪天，光照不足，基部叶片容易发黄，甚至根部腐烂死亡。

幼苗的金盏菊以稍湿为好，有利于茎叶的生长，冬季提高抗寒能力。成年植株以稍干为宜，可以控制茎叶生长，防止引起徒长。室内或棚式栽培，空气湿度不宜过高，否则容易遭受病害。应通过加强通风来对室内湿度进行调节。

（3）栽培管理

土壤以肥沃、疏松以及排水良好的沙质壤土或培养土为宜。

幼苗3片真叶时移苗1次，待苗5～6片真叶时定植于10～12cm盆。定植后7～10天，摘心促使分枝或用0.4%比久（B_9）溶液喷洒叶面1～2次来对植株高度进行控制。生长期每半月施肥1次，肥料充足，金盏菊开花多而大。相反，肥料不足，花朵会明显变小退化。剪除凋谢花朵，有利花枝萌发，多开花，延长观花期。

4.4.3.3　病虫害防治

常发生霜霉病和枯萎病为害，可用65%代森锌可湿性粉剂500倍液喷洒防治。初夏气温升高时，金盏菊叶片常会发现锈病为害，用50%萎锈灵可湿性粉剂2000倍液喷洒。早春花期易遭受红蜘蛛和蚜虫为害，可用40%氧化乐果乳油1000倍液进行喷杀。

4.4.4　鸡冠花

4.4.4.1　基本介绍

鸡冠花，一年生草本植物，如图4-32所示。原产于非洲，美洲热带和印度，世界各地广为栽培。喜阳光充足、湿热，不耐霜冻。不耐瘠薄，喜疏松肥沃及排水良好的土壤。花期夏、秋季直至霜降。

图 4-32 鸡冠花

一年生草本，株高 40～100cm，茎直立粗壮，叶互生，卵状披针形或长卵形，肉穗状花序顶生，呈肾形、扇形、扁球形等，自然花期夏、秋至霜降。常用种子繁殖，生长期喜高温，全光照且空气干燥的环境，较耐旱不耐寒，繁殖能力强。秋季花盛开时采收，晒干。叶卵状披针形至披针形，全缘。花序顶生及腋生，扁平鸡冠形。花有白、金黄、淡黄、淡红、火红、棕红、紫红、橙红等色。胞果卵形，种子黑色有光泽。

鸡冠花，茎红色或青白色；叶互生有柄，叶有深红、黄绿、翠绿、红绿等多种颜色；花聚生于顶部，形似鸡冠，长在植株上呈倒扫帚状，扁平而厚软。花色亦丰富多彩，有紫色、橙黄、白色以及红黄相杂等色。种子细小，呈紫黑色，藏于花冠绒毛之内。鸡冠花植株有高型、中型以及矮型三种，矮型的只有30cm高，高的可达 2m，鸡冠花的花期较长，可从 7 月初到 12 月。

鸡冠花为穗状花序，多扁平而肥厚，呈鸡冠状。宽 5～20cm，长 8～25cm，最大直径 40cm。上缘宽，具皱褶，密生线状鳞片，下端渐窄，常残留扁平的茎。表面紫红色、红色或黄白色；中部以下密生多数小花，每花宿存的苞片及花被片均呈膜质。果实盖裂，种子黑色，呈扁圆肾形，有光泽。体轻，质柔韧。无臭，味淡。

鸡冠花可作为一种美食，风味独特，营养全面，堪称食苑中的一朵奇葩。形形色色的鸡冠花美食如花玉鸡、红油鸡冠花、鸡冠花豆糕、鸡冠花蒸肉、鸡冠花籽糍粑等，各具特色，又都鲜美可口，令人回味。

花序酷似鸡冠的鸡冠花，不但是夏秋季节一种妍丽可爱的常见花卉，还可制成良药及佳肴，且有良好的强身健体功效。

鸡冠花以花和种子入药。花可凉血止血，有止带、止痢功效。主治功能性子宫出血，白带过多，痢疾等。是一味妇科良药。种子有消炎、收敛、降压、明目、强壮等作用，可治肠风便血，赤白痢疾，淋浊，崩带，眼疾等。

鸡冠花由于其花序红色、扁平状，形似鸡冠而得名，享有"花中之禽"的美誉。鸡冠花是园林中著名的露地草本花卉之一，花序顶生、显著，形状色彩多样，鲜艳明快，是重要的花坛花卉，有较高的观赏价值。高型品种用于花境、花坛，还是很好的切花材料，切花瓶插能保持10天以上。也可以制干花，经久不凋。矮型品种盆栽或做边缘种植。

鸡冠花可起到绿化、美化和净化环境的多重作用，对二氧化硫、氯化氢具良好的抗性，适宜作厂矿绿化用，称得上是一种抗污染环境的大众观赏花卉。高茎种可以用于花境、点缀树丛外缘，作切花、干花等。矮生种用于盆栽观赏或者栽植花坛。原产印度的凤尾鸡冠花，茎直立多分枝，穗状花序。应用也较广泛。

4.4.4.2　栽培管理

（1）播种育苗

育苗于4～5月播种。

① 苗床播种。苗床选择地势高燥，平坦，背风向阳处设置，也可在温室中进行。土壤要求疏松肥沃。经翻整后耙细，整地做

畦，畦面宽 1~1.2m。在播种之前对土壤进行消毒，每平方米用甲醛 50mL，加水 10L 进行稀释，喷洒于苗床上，用塑料薄膜覆盖 2~3 天后，再揭开晾晒几天后方可播种。由于鸡冠花的种子细小，因此可在每份种子中加入 5 份细沙，混匀后再均匀地撒在床面上。播后薄薄地覆盖上一层细沙，以遮盖住种子为宜。用平板将床面压实。进行灌溉。以后保持土面经常湿润，但不能有积水。

② 育苗盘播种。将泥炭和蛭石按 1∶1 的比例混匀后装入育苗盘中，刮平介质表面，浇 1 次透水。鸡冠花种子和沙子按照 1∶5 比例混匀，均匀地撒播。播后用细沙进行覆盖。再用细眼喷壶喷少量的水。可用塑料薄膜覆盖育苗盘保持湿润，并放置在遮阳网下进行养护。出苗后要及时揭开覆盖于育苗盘上的塑料薄膜。

（2）苗期管理

发芽适温 21~24℃，播后 7 天发芽。出齐苗之后将温度适当降低，幼苗生长期温度控制在 16 ~ 18℃，温度过高，幼苗易徒长。鸡冠花为喜光植物，出苗之后应逐渐将遮阳网去除，使幼苗见光至全日照，光照不足也易使苗徒长。出齐苗后要及时降低土壤的湿度，减少浇水量，防止徒长，可等土面略微干燥后再浇水。生长过密的幼苗及时进行间苗，可结合移栽进行。

（3）移栽

当两片子叶完全展开之后即可进行移栽。栽植于营养钵中，栽培介质采用疏松透气、保水保肥性较好的培养土。可在培养土中加入少量有机肥作基肥。移栽之后在遮阳条件下缓苗 2 ~ 3 天，再逐渐将其移到全日照下栽培。温度保持在 20~25℃。

（4）定植

当幼苗长到株高 4~5cm，4~5 片真叶时就可以上盆定植。常用 10cm 瓦盆，土壤选用微酸性，疏松透气的沙壤土，每盆 1 株。

（5）定植后管理

① 温度控制。鸡冠花喜温暖环境，不耐低温，低于16℃植株生长会变慢。生长适温为白天25～30℃，夜间16～20℃，若温度长期高于30℃时，头状花穗易出现花冠畸形，花色暗淡的现象；而羽状鸡冠花的花穗则易松散不紧实。

② 光照调节。鸡冠花为喜光植物，在生长期要保持全日光照。遮阳环境之下生长易使植株生长过高，株型被破坏，并且花色不够鲜艳。

③ 水分管理。遵循"见干见湿"的原则进行浇水。生长期间水分要供应及时且充足，土壤过干常会使开花提早，但植株弱小，花头小，质量差。土壤过湿，则致使植株徒长和开花推迟。在花穗形成后要有充足的水分，不可使盆土过于干燥，这样有利于花头增大，花色鲜艳。鸡冠花不耐水涝，尤其在夏季雨后要及时倒出盆中的积水，否则根系生长不良，植株弱小，下部的叶片黄化脱落，并且容易感染病害。夏季高温期需在早晨、傍晚浇水，避免在正午浇水，以免损伤叶片和根系。鸡冠花基部叶片易受泥土污染而腐烂脱落，所以最好在盆面上用地膜覆盖，避免浇水或下雨时泥土沾污叶片。

④ 施肥管理。除了在上盆时施足基肥之外，在生长期要及时进行追肥。在花序出现前的幼苗期，每隔7～10天叶面喷施1次尿素，浓度为0.2%，以促进植株营养生长。鸡冠花的花序出现得较早，5～6片叶时即可抽穗开花。为了增大花头，花序色彩更鲜艳，可在花序出现之后每隔15天可增施1次浓度为0.1%磷酸二氢钾，进行叶面喷施。

⑤ 整形。头状鸡冠花生长期不摘心，为使主枝上花朵硕大，应在幼苗期及时将主枝上的腋芽摘去，使营养集中供应主花序的

生长。羽状鸡冠花为了使花序增多，株型饱满，当植株长到 7 ~ 8 片叶时进行摘心，以促进侧枝的生长。

4.4.4.3　病虫害防治

（1）轮纹病

主要症状：叶片出现大型的周边呈褐色的圆病斑，病斑表面有明显的同心轮纹，以后病斑中央灰褐色，散生黑色小粒点。

（2）疫病

主要症状：初期叶上为暗绿色的小斑，之后扩大，在高湿时病斑呈软腐状，低湿时呈淡褐色，干燥状。

（3）斑点病

主要症状：叶上病斑圆形或多角形，直径1~5mm，中间淡褐色，周边暗褐色。

（4）立枯病

主要症状：病菌主要侵染根茎部。出苗之前发病，种芽腐烂在土中，表现为地面缺苗，出苗之后发病，受害根茎部表现为黑褐色，水渍状，变软，后期植株顶部萎蔫，最后枯死。发病重时，接触地面的叶片也易产生深绿色至褐色的水渍状大斑，致使叶腐。

（5）茎腐病

主要症状：此病多为害茎基部，初期受害处出现黄褐色的斑点，后逐渐扩大成长条或椭圆形病斑，边缘呈褐色，中央黄色或灰白色，最后病斑上产生黑色小粒点。

防治方法：在发病初期及时喷药进行防治，药剂有 1：1：200 的波尔多液，50% 的甲基托布津可湿性粉剂、50% 的多菌灵可湿性粉剂 500 倍液喷雾，40% 的菌毒清悬浮剂 600 ~ 800 倍液喷雾；或用代森锌可湿性粉剂 300 ~ 500 倍液进行浇灌。

4.4.5 矮牵牛

4.4.5.1 基本介绍

多年生草本，常作一二年生栽培，如图 4-33 所示；株高 15～80cm，也有丛生和匍匐类型；叶卵圆或椭圆形；播种后当年可开花，花期可长达数月，花冠喇叭状；花色有红、白、粉、紫及各种带斑点、网纹、条纹等；花形有单瓣、重瓣以及瓣缘皱褶或呈不规则锯齿等；蒴果，种子极小，千粒重约 0.1g。

图 4-33　矮牵牛

喜温暖和阳光充足的环境。怕雨涝，不耐霜冻。它生长适温为 13～18℃，冬季温度在 4～10℃，若低于 4℃，植株则停止生长。夏季能耐 35℃以上的高温。夏季生长旺期，需充足水分，尤其在夏季高温季节，浇水应在早、晚，保持盆土湿润。但梅雨季节，雨水多，对矮牵牛生长非常不利，盆土过湿，茎叶容易徒长，花期雨水多，花朵易褪色或腐烂。盆土若长期积水，则烂根死亡，因此，盆栽矮牵牛宜用疏松肥沃和排水良好的砂壤土。

矮牵牛属长日照植物，生长期要求阳光充足，在正常的光照条件下，从播种到开花需 100 天左右。冬季大棚内栽培矮牵牛时，在低温短日照条件下，茎叶生长很茂盛，但是着花很难，当春季进入长日照之后，很快就从茎叶顶端分化花蕾。

目前，矮牵牛在国际上已成为主要的盆花及装饰植物。在美国矮牵牛栽培十分普遍，常用在窗台美化、城市景观布置，其生产的规模及数量列美国花坛和庭园植物的第二位。在欧洲的意大利、西班牙、法国、荷兰以及德国等国，矮牵牛广泛用于街旁美化和家庭装饰。在日本，矮牵牛常用于各式栽植槽的布置及公共场所的景观配置。我国矮牵牛于 20 世纪初开始引种栽培，仅在大城市有零星栽培。直到 80 年代初，开始从美国、荷兰以及日本等国引进新品种，极大地改善了矮牵牛生产的落后面貌。

4.4.5.2 栽培管理

（1）播种技术

① 播种时间。矮牵牛的播种时间因气候及开花日期而有不同。北方地区以冬、春季节在温室播种为主，这样可以自 5 月份开花，应用于绿地。南方地区则在夏末初秋播种，冬春开花应用。长江中下游地区，由于四季分明，通常避开酷暑季节生长开花，常在秋季播种，小苗越冬（0℃以上），春季开花，这样的株型质量最佳，但是其生长期也是最长的。

② 播种技术。可采用穴盆、平盘和床播、箱播的方式进行播种。

a. 土壤的准备：播种介质采用通气疏松的培养土。以平盘播种为例：土壤以干净的泥炭土（草炭土）、蛭石以及珍珠岩根据一定比例调配制成。在配制培养土过程中，喷洒适量水分，使其呈半湿润状态，之后才可装盘。干的泥炭土装盘后，很难浇透或浸透，从而造成播种后种子缺少水分而不易发芽。特别注意将 pH 值调节为 6.2 ~ 6.5，不能低于 6.0，避免缺铁、镁及钠盐的毒害。

b. 装盘：装盘时最好在底部垫一层湿报纸，避免土壤渗漏。

装好盘后，可以采取底部浸水和上部浇水的方式使土壤完全湿润。在底部浸水时可以加入0.5%的高锰酸钾在水中对土壤进行消毒；上部浇水，则在播种之后最后浇水时加入百菌清或者多菌灵也可达到同样的目的。

c.播种：由于矮牵牛种子非常细小，通常采取均匀撒播的方式进行播种；也可以采取点播，用牙签湿水的方法蘸点播种。因为矮牵牛种子喜光，播种后无需覆土，所以为了提高发芽率及整齐度，通常播后覆盖一层细粒蛭石，然后用细喷头轻轻喷水1次，使土壤湿润，接近浸透，使种子同基质紧密接触。然后用湿报纸或者薄膜覆盖，置于遮雨的地方，待其发芽。

（2）育苗技术

① 播种后的3～4天。介质温度保持22～24℃。介质pH值为5.8～6.2；EC值小于0.75，本阶段可用25～35mg/L氮肥，或者用含钙和镁的复合肥料，如13-2-13-6钙-3镁肥，100～1000lx（lx是反映光照强度的一种单位，其物理意义是照射到单位面积上的光通量。一般情况下夏日阳光下为100000lx；阴天室外为10000lx；室内日光灯为100lx；黄昏室内为10lx，下同）的光照，会有利于种子的萌芽。避免苗期长日照，致使小苗过早开花。

② 子叶充分展出。真叶开始萌动。将介质温度适当降低，以促进根系生长。介质温度为18～20℃为宜。用铵态氮为主的复合肥料（5-5-15）及含钙的复合肥料（13-2-13-6钙-3镁）交替使用。这对于叶片及嫩枝的生长将有利，施肥量以保持EC值在1.1～1.5为宜。

③ 种苗快速生长期。此时根系长2～3cm，生长旺盛，植株已具4～6片真叶。最好使介质在1天之间有明显的干湿交

替。矮牵牛根系的生长对空气要求比较高。介质温度仍维持在 18～20℃。施肥方法是当嫩枝生长时采用铵态氮；当出现徒长时，则采用含钙、镁的复合肥料。EC值在1.0～1.5为宜。

④ 炼苗期。此时根系将介质团成根球，以待上盆，植株约 3cm高，具6～8片真叶。介质仍希望在1天内有干湿交替，以保证介质中含有足够的空气。16～18℃的温度对于炼苗有利，但不宜低于14℃，否则会延迟开花。施肥同第三阶段，EC值可升至 1.5～2.0。光照度可以加强至4500～7000lx，不宜低于3500lx。注意避免日照长度超过12h，有利于保持小苗的营养生长，以免小苗过早开花。

（3）上盆或上钵定植

移植或上盆：如用穴盘育苗的，应在长至4～6片真叶时移植上盆。用12～14cm口径的营养钵，一次上盆到位，不再换盆。如非穴盘育苗，采用育苗盘，通常当出苗后有2～4片真叶片时需移植一次，在有6～8片叶片时便可以上盆，用10～14cm直径盆。上盆用土以培养土为宜，保持pH值在5.8～6.2，若大于6.5则会出现缺铁而引起黄叶。

上盆应注意以下几点：

① 转盆的基质透水性应很好，否则小苗在积水的情况下很容易导致死亡；

② 要浇透水，浇水不一致会影响其整齐度；

③ 从穴盘或平盘里取苗时要尽量保持根系的完整，积水、伤根，易出现黄化苗；

④ 装盆后要遮阳10多天，完成缓苗的过程。

（4）上盆后的管理

① 温度控制。上盆初期，仍保持气温在18～20℃，随后可

以降至 12 ～ 16℃。温度低有利于植株的积累，使其基部分枝增强，可最低至 3℃，但长时期低温也会引起黄叶。

② 光照调节。矮牵牛需要在长日照条件之下开花，短日照会抑制花芽，可提供 13h 的日照长度。当日照较短、光照较弱时，可补充光照 4500 ～ 7000lx 会有利于开花。

③ 湿度管理。忌介质水分过多，保持介质的干燥十分重要，所以盆栽土壤宜排水良好，生长初期可以适当多给水分，但在出圃前一周左右宜保持干燥，避免徒长。

④ 施肥管理。为使植株根系健壮和枝叶茂盛，不断地施肥是非常重要的，用复合肥料（20-5-30）和含钙镁肥（13-2-136 钙 -3 镁）交替施用。介质的 EC 值保持在 1.0 ～ 1.2。对于藤本矮牵牛品种施肥量宜大些，施肥浓度由一般品种 100 ～ 150mg/L 提高到 200mg/L，介质 EC 值也可为 1.2 ～ 1.5。叶片若出现条状黄化，常是因为缺硼和钙引起，可用硼 40 ～ 60mg/L 或钙的复合肥料进行补救。

如果买不到上述肥料，生产者也可以采用膨化鸡粪、尿素、复合肥和磷酸二氢钾等易买到的肥料。在装盆的基质中加入有机肥，比如膨化鸡粪，在生长期可以用无机肥，并应注意氮、磷、钾配合使用，要防止氮肥过多植株徒长及抗病性降低的现象。如需加快催花，可以喷施叶面肥。建议 2% 的尿素与 2% 的磷酸二氢钾配合进行使用，效果很好。追肥次数应注意少量多次。

4.4.5.3 病虫害防治

（1）白霉病

发病后及时将病叶摘除，发病初期喷洒 75% 百菌清 600 ～ 800 倍液。

（2）叶斑病

尽量避免碰伤叶片并注意防止日灼、风害及冻害；及时将病叶摘除并烧毁，注意清除落叶；喷洒 50% 代森铵 1000 倍液。

（3）病毒病

间接的防治方法就是喷杀虫剂防治蚜虫，喷洒 40% 氧化乐果 1000 倍液；在栽培作业中，接触过病株的工具及手都要进行消毒。

思考题

1. 花坛养护工作的内容都有哪些？

2. 花坛更换的常用花卉有哪些？

3. 花坛喷水时应注意什么？

4. 概括介绍常见花坛花卉。

花坛实例欣赏

实例 1　基础花坛

实例 2　基础花坛

实例 3　基础花坛

实例 4　造景式花坛

实例 5　带状花坛

实例 6　高台花坛

实例 7　基础花坛

实例 8　基础花坛

实例 9　高台花坛

实例 10　基础花坛

实例 11　基础花坛

实例 12　带形花坛

花坛营造与管理

实例 13　平面花坛

实例 14　基础花坛

136

实例 15　高台花坛

实例 16　阶梯花坛

实例 17　方形花坛

实例 18　基础花坛

实例 19　高台花坛

实例 20　斜坡花坛

实例 21　基础花坛

实例 22　方形花坛

实例 23　阶梯花坛

实例 24　基础花坛

141

实例 25　基础花坛

实例 26　方形花坛

实例 27　基础花坛

参考文献

[1] 孟庆武主编. 北京节日花坛 [M]. 乌鲁木齐：新疆科学技术出版社，2004.

[2] 周后高主编. 花坛植物景观 [M]. 贵州：贵州科技出版社，2006.

[3] 江胜德编著. 盆花和花坛花 [M]. 杭州：浙江科学技术出版社，2001.

[4] 曹玉美主编. 花坛草花 [M]. 北京：中国林业出版社，2012.